U0897323

老科学家的价值观研究

LAO KEXUEJIA DE JIAZHIGUAN YANJIU

朱利 刘波 著

西南财经大学出版社

中国 · 成都

图书在版编目(CIP)数据

老科学家的价值观研究/朱利,刘波著.—成都:西南财经大学出版社,2021.3
ISBN 978-7-5504-4485-0

Ⅰ.①老… Ⅱ.①朱…②刘… Ⅲ.①科学家—人生观—研究—中国 Ⅳ.①G316

中国版本图书馆 CIP 数据核字(2020)第 148111 号

老科学家的价值观研究
朱利 刘波 著

策划编辑:李邓超
责任编辑:李思嘉
封面设计:张姗姗
责任印制:朱曼丽

出版发行	西南财经大学出版社(四川省成都市光华村街 55 号)
网　　址	http://www.bookcj.com
电子邮件	bookcj@swufe.edu.cn
邮政编码	610074
电　　话	028-87353785
照　　排	四川胜翔数码印务设计有限公司
印　　刷	四川五洲彩印有限责任公司
成品尺寸	148mm×210mm
印　　张	5.625
字　　数	109 千字
版　　次	2021 年 3 月第 1 版
印　　次	2021 年 3 月第 1 次印刷
书　　号	ISBN 978-7-5504-4485-0
定　　价	48.00 元

序

随着经济全球化的发展与社会信息化进程的日益加快，世界各国的竞争在经济利益的推动与信息科技的助力下呈现出更加激烈的态势。同时，当前我国正处于实现"两个一百年"奋斗目标中第一个一百年奋斗目标——全面建成小康社会的决胜阶段。要在激烈的国际竞争中脱颖而出，要取得全面建成小康社会的胜利，进而建成社会主义现代化强国，归根到底，都需要大量的杰出科技创新人才提供智力支撑与人才保障。而科技人才要成为中国特色社会主义事业的建设者和接班人，其价值观的养成不容忽视。

老科学家是指，在新中国科技事业发展过程中做出过重要贡献的年龄在 80 岁以上的两院院士或其他有突出贡献的科技工作者。价值观决定着老科学家成长的方向，是其成长为杰出人才的核心动因。本书以老科学家为典型代表的杰出科技创新人才的价值观为切入点，着眼老科学家与国家的关系、老科学家与科学的关系、老科学家与社会的关系以及老科学家与他人的关系四个研究维度，从大量鲜活的案例中梳理出老科学家独特的价值观内容：爱国、科学至上、无私奉献、淡泊名利以及科研合作意识强；从科研实践、时代背景、家庭环境、独特阅历以及自身特征五个方面挖掘出影响其价值观形成的因素；从个人价值与社会价值两个角度来探析老科学家价值观的作用。最后按照“理论观照现实”的原则，得出老科学家的价值观启示，推动当下创新人才的培养及社会主义核心价值观的践行。习近平总书记对青年正确价值观的形成和确立的重要性作了形象生动而富有哲理的讲述：“青年的价值取向决定了未来整个社会的价值取向，而青年又处在价值观形成和确立的时期，抓好这一时期的价值观养成十分重要。这就像穿衣服扣扣子一样，如果第一粒扣子扣错了，剩余的扣子都会扣错。人生的扣子从一开始就要扣好。”

本书作者长期在一线从事大学生思想政治教育工作，深知肩负立德树人、培养人才的责任与使命，希望通过本书对大学生的价值观养成贡献一点自己微薄的力量，帮助青年大学生形成正确的世界观、价值观与人生观，让青年大学生扣好自己人生的第一粒扣子。

田永秀

2020 年 7 月 22 日

摘要

“盖有非常之功，必待非常之人。”在世界各国科技较量日益加剧的今天，各国欲在经济发展中获得优势，其关键在人才，尤其是科技创新人才。我们必须高度重视科技创新人才的作用，关注科技创新人才的成长。价值观在科技创新人才成长的过程中扮演着至关重要的角色，但目前学界对科技创新人才价值观的研究乏善可陈，几乎没有专门的著作对其价值观进行研究，与之相关的学术文章虽对科技创新人才成长的影响因素进行了分析，但多是理论层面的研究，缺乏实例论证，缺乏说服力。我国老科学家是在新中国科技事业发展过程中做出了突出贡献的科技工作者，他们无疑是杰出科技创新人才的典型代表。本书以老科学家的价值观为切入点，对其进行深入分析，力图掌握科技创新人才价值观的主要特点和形成规律，希望能为当下创新人才的培养及社会主义核心价值观的培育和践行提供借鉴。

本书共分为6章。第1章主要对选题研究的背景及意义进行了介绍，对国内相关研究成果进行了评析，并对相关概念做出了界定。同时，还对本书的研究目标、内容、重难点及研究方法做了介绍。第2章是本书的重点，梳理了老科学家的价值观，尝试对老科学家价值观的独特内容进行分析，主要包括老科学家处理与国家、科学事业、社会、他人的关系四个层面，并充分挖掘了其具体内涵。第3章结合老科学家价值观的形成过程，详细分析并总结了其价值观形成过程中的影响因素，主要包括实践、时代因素、家庭环境、学校教育、独特经历、老科学家自身特质五大方面。第4章结合老科学家的学术成长经历对老科学家价值观的作用进行了深入剖析，分析了其价值观对其个人成长成才及对社会发展的重大意义。第5章是启示思考部分，本章结合老科学家价值观的作用及其形成过程中的影响因素，审视了当下价值文化多元的社会背景，为创新人才的培养及社会主义核心价值观的培育和践行提供了借鉴。首先，要充分发挥老科学家价值观的精神引领作用。其次，要教育引导广大科技工作者树立老科学家那样的崇高价值观。最后，要充分利用一切有利因素，引导广大青年树立起崇高的价值观。第6章为本书的结论。

目录

1 绪论

1.1 选题的背景及意义

随着科学技术的进步和发展，人类社会已步入了知识经济时代。在知识经济时代，知识的本质就是创新，而对知识的不断创新是通过人才来实现的。因此，当下各国、各地区之间的竞争，其关键便是人才的竞争，尤其是杰出科技创新人才的竞争。只有拥有更多具有创新欲望和创新能力的杰出科技创新人才，才可能在知识经济时代抢占经济发展先机。然而，随着社会的不断进步，全球化进程日益加快，人们的思想观念也变得纷繁复杂、多种多样，这势必会影响人们的价值取向，特别是走在科技前沿、引领社会进步的科技创新人才的价值取向。

1.1.1 选题的背景

1.1.1.1 创新发展的要求

自进入 21 世纪以来，全球科技创新呈现出新的发展趋势。为了抢占未来科技经济发展的制高点，世界各国对科技创新人才的投入越来越大，对科技创新人才也越来越重视。习近平总书记在两院院士大会上也表示：“我们不能在这场科技创新的大赛场上落伍，必须迎头赶上、奋起直追、力争超越。”① 科技创新的关键在人，尤其是杰出的科技创新人才。我们已经看到，在每一次科技革命中，杰出科技创新人才无不发挥着至关重要的作用。因此，当下我国要在科技创新方面走在世界前列，必须在创新实践中发现人才、在创新活动中培育人才、在创新事业中凝聚人才，必须大力培育和打造规模庞大、结构合理、素质优良的创新型科技人才队伍，坚定不移地实施创新驱动发展战略。

1.1.1.2 价值观的重要地位

“价值观是世界观的重要组成部分，是其核心”②。对一个国家而言，有什么样的价值观就会有什么样的社会；对一个人而言，有什么样的价值观就会有什么样的人生。价值观

① 源自：习近平在中国科学院第十七次院士大会、中国工程院第十二次院士大会上的讲话。

② 郑国玺．社会主义市场经济条件下的价值观建设［M］．成都：四川人民出版社，1995：12.

对人们调节自身行为及发展方向具有至关重要的作用，它直接影响着人们对目标、理想信念的追求方向。崇高的、科学的价值观势必会指导人们做出正确的价值判断和价值选择，指引其在正确的道路上不断前行；反之，错误的价值观则会对个人的成长及社会进步带来阻碍。

1.1.1.3 多元文化的冲击

随着经济全球化的到来，世界的思想文化日益丰富，呈现出相互交融，纷繁复杂的景象，流行的价值观念通过各种渠道（如网络、影视等）迅速传播。这给当下民众，尤其是科技创新人才的价值观塑造带来巨大的挑战，甚至有个别科技创新人才或民众偏离了社会主义核心价值观的航线，从而严重影响了个人的发展和社会的进步。而作为科技进步中坚力量的科技创新人才，拥有崇高的价值取向和价值追求，对当下实现“两个一百年”奋斗目标、实现中华民族伟大复兴的中国梦显得尤为重要。

基于以上背景，本书通过搜集整理关于老科学家成长历程的相关资料，总结老科学家的价值观，对其价值观进行深入剖析，探讨老科学家价值观的形成及重大作用，以期把握杰出科技创新人才价值观的形成规律。本书之所以要以老科学家为例，是因为老科学家是我国杰出科技创新人才的典型代表，在他们进行科研的过程中，其本身所具有的崇高价值观的作用展现得淋漓尽致，他们崇高的价值观不仅对其自身发展意义重大，而且是整个社会的精神引领。对其价值观进行研究对当下人才培养及价值观培育都具有重大的理论意义和现实意义。

1.1.2　选题的意义

长期以来，在我国科技前沿涌现出一批又一批受人尊敬的科学家，他们在自己的科研岗位上攻坚克难，展现出他们爱国奉献、淡泊名利等崇高的价值追求，他们引领时代精神，影响着一代又一代的年轻人。因此，对其价值观进行研究具有重大意义。

一是理论意义。老科学家是指在中国科学事业发展过程中做出过突出贡献的科技工作者。本书通过对老科学家的学术成长资料、传记等进行查阅，尝试对其价值观进行总结，深入分析其价值观对老科学家个人成长成才及社会发展的重大意义，把握老科学家价值观的形成规律，以期进一步丰富老科学家的学术研究及价值观的相关理论，进一步深化人才培养研究理论。

二是现实意义。老科学家所具有的忠心爱国、献身科学、无私奉献、淡泊名利等崇高的价值追求，不仅是老科学家崇高品德的表现，更是对优秀传统文化的继承与发展，因此，对老科学家的价值观进行研究，必然具有重大的现实意义。

第一，为创新人才的培养提供借鉴。老科学家从懵懂少年成长为杰出科技创新人才，并取得重要的科技成就，为我国科技的进步和社会的发展做出了突出贡献，其价值观无疑产生了极其重要的影响。本书通过对老科学家价值观进行梳理，分析其对老科学家成长成才的重大意义，把握老科学家价值观形成的规律，对当下创新人才的培养及自我成长具有重大启示。

第二，为应对不良文化冲击提供精神武器。当下社会，各种纷繁复杂的文化在不断丰富充实我们思想的同时，也给我们的思想带来了巨大的冲击。以老科学家的价值观为参照来审视当下中国的多元文化以及自身的价值取向，有利于为科技工作者乃至广大民众自觉抵制各种不良文化的冲击、确立高尚的价值追求树立榜样，提供精神武器。

第三，有利于弘扬我国优秀传统文化。老科学家的价值观植根于我国的优秀传统文化，同时又注入了与其所处时代相适应的时代精神，是对我国传统文化的延续。对老科学家价值观的梳理、总结，有利于继承和发展我国优秀传统文化。

本书选择杰出科技创新人才的典型代表——老科学家，对其价值观进行总结，分析其价值观的形成过程及其重大作用，以期掌握杰出科技创新人才价值观的形成规律，为当下科技创新人才乃至广大民众价值观的培养提供启示。

1.2 国内研究现状

一是关于科技创新人才的研究。随着社会对科技创新人才的重视，对科技创新人才的研究也日益成为一个焦点。特别是在2006年，胡锦涛在全国科技大会上提出“2020年建成创新型国家，使科技发展成为经济社会发展的有力支撑”①以后，对科技创新人才的研究成为热点，科研文献数量增长明显。截至目前，关于科技创新人才研究的学术论文数量颇丰，如白春礼主编的《杰出科技创新人才的成长历程——中国科学院科技人才成长规律研究》（科学出版社，2007年），朱克江主编的《科技创新人才战略》（东南大学出版社，2011年）等。通过对这些研究成果进行分析，不难发现其研究内容主要集中在：

第一，关于科技创新人才培养的研究。例如，梁兴英分别从国内国际两个方面论证了我们必须高度重视科技创新人才的培养，并对创新人才应具备的素质进行了总结概括，他提出了要从环境、教育、机制、政策四个方面进行开拓创新，培养科技创新人才②。

---

① 源自：胡锦涛在全国科技大会上的讲话（2006年1月10日）。

② 梁兴英. 试论科技创新人才的培养与造就［J］. 理论学刊，2001（4）：121-123.

第二，关于科技创新人才成长的影响因素研究。吴殿廷等分别从微观（家庭经济条件；父母；亲人、朋友、同事、领导；教师的影响）、中观（出生地理环境；大学教育的影响）、宏观（社会氛围；对外交流；时代变化的影响）三个不同的层面对影响两院院士成长的因素进行了分析，并得出了一些初步的结论①。

第三，关于科技创新人才的成长规律研究。美国社会科学家朱克曼等收集了1901—1972年92位美国诺贝尔奖获得者的相关资料，对其家庭背景、求学经历及工作经历等进行了分析，指出其成长的一般规律主要有：良好的家庭经济状况与优秀的学习传统；求学名校，师从名师；青年早慧，成就卓越；成长过程中不断积累优势等。我国学者曹聪收集了1955—2001年当选的970名中国科学院院士的资料，研究了老一辈科技人才的成长规律，提出了我国老一辈科学家有不同于美国诺贝尔奖获得者的特征，主要包括：海外求学经历；有大学学历的人占比偏大；个人选择余地小，但机构与个人优势的相互促进却相当明显；爱国主义情结等。白春礼通过对我国中科院院士“杰出科技人才”635人进行调查研究，得出了一定程度上适用于我国科技人才的规律性认识②。此

① 吴殿廷，等. 高级科技人才成长的环境因素分析：以中国两院院士为例[J]. 自然辩证法研究，2003，19（9）：54-65.

② 白春礼. 杰出科技人才成长历程：中国科学院科技人才成长规律研究[M]. 北京：科学出版社，2007.

外还有学者对科技创新人才的培养模式进行了研究。

以上可以看出，关于科技创新人才的研究，其研究成果丰富，但从其内容来看，这些研究都是从整体上对科技人才的成长进行把握。它们均从多个方面来分析创新人才的成长，试图把握人才成长的规律，为当下创新人才的培养提出建设性的意见。但是，正因为其面面俱到，就不可避免地对科技创新人才某一具体问题的研究存在点到为止，分析不够深入的问题。可见，对科技创新人才的研究还有需要丰富补充的地方。

二是关于价值观的研究。关于价值观的研究成果丰富，相关著作车载斗量，但不难发现，大多数学者是以大学生或青少年作为其研究对象。通过对青少年或大学生的价值观现状进行分析，不少学者表示，当下社会青少年和大学生的主流价值观是好的，但也或多或少存在各种各样的问题，需进一步对其价值观存在的问题进行原因分析，从而提出培育其价值观的相应对策。相关研究有：王学梦等的《改革开放条件下青少年的价值观的现状与分析》(《中国青年研究》，2010 年第 4 期)、朴联友的《西方国家青少年价值观教育对我国的启示》(《教学与管理》，2015 年第 9 期)、王丽君的《“90 后”大学生价值观状况调查与分析》(《思想教育研究》，2011 年第 2 期)、马向真的《当代大学生价值观的特征及成因分析》(《毛泽东邓小平理论研究》，2007 年第 8 期)

等。还有一些文章着重研究某一因素对青少年或大学生价值观的影响。例如，王欢等着重分析网络对大学生价值观塑造的影响力，分析其价值观的现状，并提出要充分利用网络对大学生进行价值观培育①。此外，还有一些研究着重分析某一重要人物的价值观，如邢志第等主编的《孔繁森的价值观研究》、袁贵仁等的《邓小平价值观研究》等。从这些研究可以看出，价值观的研究成果还是比较丰富的，但其研究对象大多集中在大学生和青少年，除此之外，其他的研究对象相对较少，这在一定程度上势必会影响价值观理论的丰富性。

三是关于科技创新人才的价值观研究。随着知识经济的到来，人才尤其是科技创新人才越来越受到社会的广泛关注。与之相适应，科技人才的价值观也越来越受到社会的广泛关注，但目前学术界对科技人才价值观的研究还十分薄弱，研究成果较少。截至2016年年底，笔者在知网上仅检索到四篇与之相关的文献。许楠楠在《拔尖人才价值观形成及培育研究》一文中，对拔尖人才价值观的特征、形成过程以及应有的正确价值观进行了阐述，同时还对我国现阶段拔尖人才价值观的现状、原因进行了分析，试图探索拔尖人才正确价值观的形成规律，为拔尖人才的培育提供解决对策②。梁赫鑫

---

① 王欢，祝阳. 网络对90后大学生价值观影响的实证研究［J］. 现时情报，2014，34（4）：44-49.

② 许楠楠. 拔尖人才价值观形成及培育研究［D］. 哈尔滨：哈尔滨理工大学，2014.

在《科技创新型拔尖人才的核心价值观》一文中，通过对科技创新型拔尖人才的自身特点与其外部条件进行分析，从而总结出科技创新型拔尖人才核心价值观形成的影响因素，由此提出科技创新型拔尖人才核心价值观的培养途径。另外，此文还分析了当下社会主义核心价值体系与科技创新型人才核心价值观之间的关系，即两者之间相互促进①。谢朝晖在《高层次人才价值观及其与主观幸福感关系研究》一文中，从社会心理学的角度采用实证分析的方法，把高层次人才的价值观分为工作价值观、家庭价值观、人际价值观、人生价值观四个方面，以此来探究高层次人才价值观与幸福感之间的关系②。罗谨琏在《科技人才价值观认同及结构研究》一文中，从社会心理学的角度研究了科技人才对工具性价值观和终极性价值观要素的认同程度，分析了科技人才价值观形成的结构和实现路径③。由此可见，对科技创新人才价值观的研究成果还比较少，几乎没有运用典型个案对科技创新人才价值观进行剖析，分析不够深入，缺乏系统性。

四是关于老科学家的研究。老科学家是我国科技发展历史的活档案，他们中既有中国近代科学的奠基人、新中国主

---

① 梁赫鑫. 科技创新型拔尖人才的核心价值观研究［D］. 天津：天津大学，2011.

② 谢朝晖. 高层次人才价值观及其与主观幸福感关系研究［D］. 重庆：重庆大学，2007.

③ 罗谨琏. 科技人才价值观认同及结构研究［J］. 科学学研究，2008（1）：73-77.

要学科的开拓者，也有今天我国科技领域的领军人物，他们为我国科技发展做出了历史性的贡献。他们的学术成长经历本身就是科技发展历史的重要组成部分。但随着时间的流逝，老科学家的个人资料也相继流失。对此，2009 年，在温家宝、李克强、刘延东的批示下，开始启动第一批约 300 名老科学家的学术成长资料采集工程。采集工程以老科学家的学术成长经历为主线，面向年龄在 80 岁以上的两院院士，或虽不是两院院士，但对我国科学事业发展做出了突出贡献的老科学家，系统采集反映老科学家的家庭背景、求学历程、师承关系，尤其是对老科学家日后科学成就产生深刻影响的工作环境，学术交往中的关键节点和重要事件的口述历史资料，以及真实反映老科学家学术思想、观点和理念产生、形成、发展过程的实物资料和图像资料等。现已刊发了有关老科学家的传记丛书若干，如《卷舒开合任天真：何泽慧传》《此生情怀寄树草：张宏达传》《做一辈子的研究生：林为干传》等，为关于老科学家的研究提供了宝贵的资料。除此之外，与老科学家相关的著作还有：光明日报出版社的《中国科学院新路》、安徽教育出版社的《院士思维》、上海教育出版社的《科学家的道路》、高等教育出版社的《中国工程院院士自述》、广东科技出版社的《院士成才启示录》等。这些著作几乎都是对老科学家生平或从事的研究领域进行介绍，而对老科学价值观的研究几乎找不到专门的著作。

从对老科学家的研究文章来看，集中体现在：一是与老科学家学术成长资料采集工程相关的。此类文章居多，且大多属于会议报道类，如《老科学家学术成长资料采集工程启动》《老科学家学术成长资料采集工程第一批丛书发布》等。二是对老科学家的优良品质进行讴歌，如《“学到老，做到老，活到老”的钱伟长》《让钱学森精神走进公众》。三是还有极少数文章涉及老科学家的学术成长经历，如《新中国自由基化学奠基人刘有成先生学术成长及贡献》《地质鸿翼，科教祯吉：王鸿祯院士学术成长经历及对地质事业的贡献》。这些文章对老科学家的一生做了简要或详细的记录，但几乎没有对老科学家的价值观进行分析。

综上所述，目前学术界关于科技创新人才及老科学家的研究成果比较丰富，为本书提供了翔实的资料，但与此同时也可以发现，关于科技创新人才价值观的研究目前还十分薄弱，很少有文章涉及其价值观研究，更没有文章以其典型代表——老科学家为例，研究不够系统，缺乏深度。为弥补研究空白，本书通过老科学家的典型案例，对其价值观进行深入分析，以期把握老科学家价值观的形成规律，为当下科技创新人才及广大民众价值观的培养提供借鉴。

1.3 相关概念界定

1.3.1 科技创新人才

“科技创新人才”是我国特有的名词，国际上一般使用“科技创新人力资源”。“科技创新人力资源”是指：实际从事或有潜力从事系统性科学和技术知识的生产、促进、传播和应用活动的创造性人力资源①。在我国，专家学者对科技创新人才的理解都大同小异。刘敏、张伟从广义和狭义两个角度对科技创新人才进行界定。狭义的科技创新人才指直接参与、从事科技创新活动及为科技创新活动服务的所有人员。广义的科技创新人才指科技人力资源，包括现在和潜在从事科技活动的人员。同时，他们认为高层次科技创新人才应指科学家、工程师及高级技师②。刘志宏认为，科技创新人才是指具有专门的知识和技能、能从事科学和技术工作、具有较高的创造力、对科学技术进步和人类社会进步做出较大贡献的人，他们具有相应的专业特长和较高的个人素质、较强

① 李中斌. 科技创新人才的培养及其发展策略［J］. 人口与经济，2011（5）：24-28.

② 刘敏，张伟. 科技创新人才概念及统计对象界定研究：以甘肃为例［J］. 西北人口，2010（1）：125-128.

的个性与独特的价值观、创造性、团队合作精神四个个体特征[①]。

综上所述，结合本书的研究对象，本书所理解的科技创新人才是具有创新意识、创新精神、创新思维、创新能力，在科技创新活动中对社会做出过重大贡献的人才，包括国内国际科技大奖的获奖人，以及获中国工程院院士、科学院院士称号的人。老科学家是在我国科学事业发展过程中做出过重要贡献的人，是杰出科技创新人才的典型代表。

1.3.2 老科学家

根据老科学家学术成长资料采集工程对老科学家的界定，本书所研究的老科学家是指在中国科学事业发展过程中做出过突出贡献的，截至2020年年底年龄在80岁以上的两院院士或其他有突出贡献的科技工作者。

1.3.3 价值观

我们要知道什么是价值观，首先就要清楚什么是价值。学界从不同的角度对“价值”进行了解释。历来关于价值的解释存在实体说、属性说、理念说、关系说等基本观点。其

① 刘志宏. 科技创新人才多元化培养路径的战略研究［J］. 电子科技大学学报（社会科学版），2008（6）：66-69.

中获得普遍认可的是“关系说”。“关系说”认为，价值不是一种实体，事物（客体）不能决定自身的价值，人（主体）也不能决定事物（客体）的价值，只有两者相互联系起来，才能决定事物（客体）有没有价值以及价值大小，这样任何事物与人（主客体）之间就构成了一种不同于事实关系的价值关系，价值只能存在于这样的价值关系中。可见，价值是主客体关系的产物。

关于价值观。自20世纪80年代初期，我国哲学界开始了关于价值观的研究。此后，价值观就越来越受到学术界的广泛关注，其研究领域涉及哲学、经济学、伦理学、人类学、社会学等学科。虽然不同的学科对价值观定义的侧重点有所不同，但从价值观内涵来看，学术界对价值观的理解趋于一致。大部分学者认为，价值观是关于价值问题的一般观点和根本观点，是人们处理各种价值关系所持的立场、观点和态度的总和。从表现形态上来看，价值观是人们在处理其与国家、工作、社会、集体、人、物等各种关系时所持有的稳定的、根本的观点和态度的总和。它既包含着价值主体的价值取向、价值追求，以及凝结为一定的价值目标，也体现着价值主体的价值尺度、评价标准，成为主体判断客体有无价值及价值大小的观念模式和框架，是主体进行价值判断、价值选择的思想根据，以及进行决策的思想动机和出发点，对于主体的价值行为具有普遍的指导意义①。从微观角度来说，价值观是人心中一个深层次的信念系统，在人们的价值活动中发挥着行为导向、情感激发和评价标准的作用，构成个人人生观的重要内容，制约着人生活动的方方面面，是一个无形而有力的世界。从宏观角度来说，价值观是社会文化系统的内核与灵魂，代表着社会对应该提倡什么、反对什么的价值规范性判断，社会通过各种手段把这些概念灌输给个人，进而内化为个人的行为规范②。

结合价值观的内涵，本书所研究的老科学家的价值观则是指，老科学家这一特定群体在一定历史传统及主客观条件下形成的在处理各种价值关系时所持的稳定的、根本的立场、观点和态度的总和。它表现在，当个人和集体、国家、民族的利益发生矛盾时，当前和长远利益发生矛盾时，经济利益和道德理念发生矛盾时，甚至牵涉到个人生命安全时，人究竟如何抉择。其主要涵盖老科学家与国家的关系、老科学家与科学事业的关系、老科学家与社会的关系等几个层次，这一研究对培养广大民众正确的价值观及社会发展都有着重要作用。

---

① 石海兵．青年价值观教育研究［M］．合肥：安徽教育出版社，2007：19.

② 戴安良．略论我国社会转型时期的价值观［J］．探索，2006（5）：106-110.

1.4 研究目标、内容及重难点

1.4.1 研究目标、内容

本书通过采用多学科交叉的研究方法，对老科学家这一特殊群体的价值观进行研究。梳理总结其价值观是什么，分析价值观对老科学家成长成才的意义，以及其具有怎样的社会影响，把握其价值观是如何形成的。在此基础上，进一步探索老科学家的价值观对当下科技创新人才社会主义核心价值观的培育和践行有怎样的启示。

1.4.2 研究的重难点

老科学家从懵懂的少年成长为杰出的科技创新人才，并取得了重大成就，为科技进步和社会发展做出了突出贡献，其价值观无疑在其中扮演着重要的角色。因此，老科学家具有什么样的独特的价值观，是本书研究的重点也是难点。

此外，要在分析老科学家价值观作用的基础上，把握老科学家价值观的形成规律，并结合实际，为当下科技工作者乃至青年的价值观的培育提供值得借鉴的路径。这是本书研究的重点。

1.5　研究方法

1.5.1　文献研究法

通过搜集查阅并梳理老科学家的成长经历的资料，分析老科学家这一特定群体的价值观的主要内容、作用、形成规律等，为科技创新人才培养及广大青年价值观培育提供借鉴。

1.5.2　案例分析法

通过把特定老科学家的学术成长经历作为典型案例，分析其价值观在其成长成才过程中的作用，以求准确把握老科学家价值观的构成、作用、形成规律等，用特殊性指导普遍性，引导当下青年树立正确科学的价值观。

2 老科学家价值观的独特内容

老科学家是在我国科技发展中做出过突出贡献的科技工作者，他们以科学研究作为自己为之奋斗的职业，而在进行科学活动取得巨大成就的过程中，价值观作为其思想意识最本质、最核心的内容，在根本上主宰着他们的思想和行为，指导其科技活动。就老科学家的价值观而言，它们作为社会主义先进观念，本身就具有社会主义核心价值观的内容，而除此之外，老科学家的价值观还具有更为崇高的价值取向，表现在个人和集体、国家、民族的利益发生矛盾时，当前和长远利益发生矛盾时，经济利益和道德理念发生矛盾时，甚至牵涉到个人生命安全时，究竟如何抉择，人生的关键时期如何抉择等。如热能动力工程学家陈学俊在《贵阳日报》上发表了题为《工程师与音乐》的文章及歌曲一首，其中的歌词是："争名利，无意义，学工程，有志气，为人民，谋福利，为社会，求进取；山河破，倭寇獗，我会员，需立志，卫国家，靠兵利，建国家，靠机器；我们大家一致把心齐，爱团体，我们永远为中国工程事业，奋斗到底。"① 再如，王选的夫人陈堃銶总结王选的一生为："半生苦累，一生心安。"可见，我们可以从旁人或老科学家他们自己的言语中感受到老科学家的一生，他们失去了很多常人能享受的乐趣，有的甚至没有享受过恬静的生活，同时他们也从不贪图虚名，他们所想的都是如何更好地满足国家和人民的需要，如何更好地为科学事业，为祖国、为人民贡献自己全部的力量，这都与老科学家的价值观息息相关。尤其在老科学家处理与国家、科学事业、社会及他人的关系四个层面上，老科学家的价值观特色尤为明显。

2.1 老科学家与国家的关系——爱国

从老科学家出生的年代来看，在其童年或青年时期都经历了强敌入侵的屈辱历史，饱尝了民族危亡的耻辱，这无疑唤起了他们的爱国热情和民族责任感，使他们自小就饱含着

① 卢嘉锡. 院士思维：第 2 卷 [M]. 合肥：安徽教育出版社，2003：720.

强烈的爱国主义精神，树立了报效祖国的远大理想。也正是他们将个人的前途和命运与祖国的兴衰紧密联系在一起，我们的科学事业才得到不断的发展。

如我国材料科学家邹世昌在他的一篇文章中写下了这样一段话：我生在这块饱受蹂躏侵略、贫穷落后的土地上，我的命运就和祖国的前途紧紧相连，我的历史责任是要竭尽全力去改变她的面貌，建设一个繁荣昌盛、科技发达的新中国[①]。我国著名水利工程学家、当代中国的“水利泰斗”张光斗院士说：“我的童年梦想，就是看到中国强大起来不再受人欺负，选择水利专业，是认为它可以为民造福。”[②] 可见，老科学家的报国、救国意识强烈，时刻考虑的是国家和人民的需要。而所谓爱国观是指人们对自己祖国深厚的价值情感，表现为对祖国强烈的归属感和认同感，是社会主义核心价值观的重要内容。老科学家的爱国观则是指在其内心信念中一直坚信国家远比自己重要，国家的利益高于一切的无私奉献、甘于为国牺牲的爱国之情，主要表现在以下三个方面。

2.1.1 报国救国意识强烈，信念坚定

在老一辈科学家中，不少科学家都曾去远洋留学，在留

---

① 卢嘉锡. 院士思维：第 2 卷［M］. 合肥：安徽教育出版社，2003：588.

② 余玮，吴志菲. 中国高端访问叁：推动中国科技进程的 20 人［M］. 北京：经济日报出版社，2007：216.

学期间，他们奋发向上且无时无刻不在关注祖国的发展形势。在祖国需要时，本可以留在国外享受优越的工作、生活条件和较高社会地位的他们，最终都毫不犹豫地选择了放弃国外优越的科研条件和较高的社会地位，冲破艰难险阻，回到祖国的怀抱，为祖国建设奉献出自己的力量。

正所谓“科学无国界，科学家有祖国”。著名人类学家吴汝康回忆说：“1949 年夏获得博士学位，在美国的学业也告一段落，我的妻子也同时在美国获得博士学位。一般来说，像我这种情况会考虑留下来不回国的，美国的师友也劝我们留下来，并为我联系了待遇优厚而适当的工作。但我想，我是中国人，一定要为自己的国家贡献一份力量。于是决定离美，回到祖国大陆，在大连医学院解剖系任教。”① 吴老会做出这样的决定，毫无疑问，与他强烈的报国、救国意识是分不开的。著名金属物理学家、中国科学院院士葛庭燧的女儿葛运培回忆随父母回国的情景时说：“我爸爸妈妈一同在美国学习、工作和生活了 8 年，期间他们一直没有办绿卡，身份是工卡。”② 从这可以看出，葛庭燧夫妇是一直都准备回国的，他们回国搞科研、培养科技人才、报效祖国的坚定信念从未动摇。国际著名普通外科专家、医学教育家黎介寿

---

① 卢嘉锡. 院士思维：第 2 卷［M］. 合肥：安徽教育出版社，2003：519.

② 刘深. 中国工程院院士传记：葛庭燧传［M］. 北京：科学出版社，2010：119.

（1924）在面对不少外国著名医院和医学研究机构开出优厚的待遇，邀请他去国外工作的老问题时，他说："医学没有国界，但医学家是有国籍的。我对那些外国朋友说，我是中国人，在中国，我有干不完的事业。"[①] 我国原子能科学事业创始人"两弹一星"元勋钱三强在谈到他和妻子何泽慧的想法时说："我们更加清楚的是：虽然科学没有国界，科学家却有自己的祖国，正因为祖国贫穷落后，才需要更多的科学工作者努力去改变她的面貌。我们当年背井离乡、远涉重洋，到欧洲留学，目的就是为了学到先进的科学技术，好回去报效祖国，我们怎能改变自己的初衷呢？应该回到祖国去，和其他科学家一起，使原子能这门新兴科学在祖国的土地上生根、开花、结果。"[②] 可见，他们渴望回到离开十几年之久的故土，义无反顾地为祖国的富强、进步贡献自己力量。

面对优越的物质生活条件，他们不为所动，哪怕回国之路艰难险阻、困难重重，但他们回国的决心从未动摇，他们归心似箭，报效祖国的激情永远那么耀眼夺目。例如，撰写《华罗庚》一书的数学家王元曾说："我觉得华罗庚的一生有两点特别打动我：一是他自学成才。……还有一点就是他爱国。第一次是1937年在英国的时候，正值抗日战争爆发，英

① 陈忠良，吴善新，高铭华. 黎介寿传［M］. 北京：人民出版社，2014：182.

② 钱三强. 重原子核三分裂与四分裂的发现［M］. 北京：科学技术文献出版社，1989：74-75.

国人要他留下教书，他却毅然放弃这些，在1938年回国，到了西南联大与同胞们共患难；第二次是在美国，他已经是美国伊利诺伊大学的终身教授了，但一听到新中国成立的消息，便带领全家急不可耐地返回祖国。他的这种爱国精神可以说是推动我书写的巨大动力。”① 我国著名材料科学家、无机材料科学技术的奠基人和开拓者之一严东生，在1949年10月，兴奋地得到了中华人民共和国成立的消息，本可以在国外享受安逸的生活和优越的科研条件的他，当即考虑提前回国。严东生后来回忆当时的情景时说：“在建立新中国时，我们没有出什么力，现在建设新中国的时期已经到来，没有理由再留在美国。考虑至少三件事情需要做，一是提前终止我和学校方面的研究合同，二是办理离美手续，三是解决回国的交通。”② 可见，严东生归心似箭，希望早日回到祖国，为祖国的建设发展贡献自己的力量。他历经千辛万苦，回到祖国的怀抱，从此，他的生命历程、科学生涯和祖国的命运紧紧地联系在了一起。中科院院士褚君浩，如此描述他心目中的战略科学家严东生：他是一个科学家，又是一个非常有贡献的战略家。他不仅仅是自己做好研究，而且把自己的研究和科学的前沿、国家的发展密切结合起来……严先生是非常爱国

① 晓亮. 从清华大学走出的科学家［M］. 北京：中国三峡出版社，2010：84.

② 高子平，段炼. 宏才大略　科学人生：严东生传［M］. 上海，上海交通大学出版社，2014：36.

的，从他的一生我们看见，他是新中国成立后第一批从美国回来的科学家。他在美国的时候，念书非常优秀。回来以后，又在研究单位、大的工程单位都进行了具体的工作。如果没有这样一个爱国的心，就不一定从国家利益的角度去考虑①……1950年春天，著名神经生理学家张香桐在给一位好友的信中写道："闻国内解放后的新气象，甚感兴奋，我恨不得一步跳回去参加这个建国运动……我急于想报效祖国呀！"② 不久他就毅然冲破重重阻碍，只带着一件雨衣、一架打字机和六箱仪器回到祖国的怀抱，并且下定决心，把自己学到的科学知识奉献给新中国。我国著名金属物理学家柯俊，在面对美国优厚的工作待遇和优越的生活条件时毫不动心。他对芝加哥大学金属研究所的史密斯教授说："我来自东方，那里有成千上万的人民在饥饿线上挣扎，一吨钢在那里的作用，远远超过一吨钢在英美的作用。尽管生活条件远远比不上英国和美国，但是物质生活并不是唯一的，更不是最重要的。"③ 短短几句话，虽没有什么豪言壮语，但却铿锵有力、掷地有声，道出了柯俊的拳拳爱国之心。

此外，他们身处国外时也时刻关注祖国的发展，把推动祖国的发展作为他们义不容辞的责任和义务。哪怕有危险、

---

① 高子平，段炼．宏才大略　科学人生：严东生传［M］．上海，上海交通大学出版社，2014：167-168．

② 张维．张香桐传［M］．上海：上海科技教育出版社，2003：205．

③ 韩汝玢，石新明．柯俊传［M］．北京：科学出版社，2012：57．

有困难，他们也从不说一个“不”字，他们对祖国有着难以割舍的情感，毫无疑问，这就是老科学家的爱国情怀。只要祖国需要他们，哪怕放弃自己未完成的学业，也要想尽一切办法回到祖国的怀抱，投身到祖国各项事业的建设之中。例如，我国火箭、导弹、航天事业的拓荒者钱学森在美国学习期间，时刻关注着祖国的发展。当祖国建设需要他时，虽然面临牢狱之灾，但他仍毅然带着家人冲破重重阻碍回到祖国，从此献身于新中国的“两弹一星”事业，为中国的强大做出了自己的贡献。他的夫人蒋英这样评价他：“他是一位把祖国、民族利益和荣誉看得高于一切的人，说得上是一位精忠报国、富有民族气节的中国人。”① 我国动力机械工程专家倪维斗回忆说：“当时我实实在在的想法是，国家派我出去留学就是要我回来之后做些事的，当时没有一丝一毫想过留在那里。那时唯一的想法就是回国后要好好工作，为建设社会主义国家而努力。”② 著名核物理学家王淦昌在面对恩师“你真的要走”的询问时，坚定地说：“谢谢您的厚爱，老师，谢谢您寄予我那么大的希望。我自己也深信，不同的人有不同的路，我是凭借自己求知的毅力去开拓新领域的。但是，我和我的祖国一样，在被厄运磨难。”“我的祖国在流血，在受苦，在呻吟。您知道的，老师，祖国是我唯一的母亲，我不

---

① 叶永烈．钱学森［M］．上海：上海交通大学出版社，2010．

② 倪维斗，王奇．倪维斗传［M］．北京：清华大学出版社，2014：62．

能再失去我的母亲……”可见，王老的心中对祖国有着难以割舍的深厚感情。也正因为这样，1952年，在接受中国科学院党组副书记丁瓒约见时，丁瓒对他说：“……美帝国主义在朝鲜战场上使用了一种炮弹，威力很大，他们怀疑是原子炮。上级命令中国科学院派人到朝鲜战场实地考察，院里决定派你去，你有什么考虑吗?”王老毫不犹豫地说：“好，我去!”[①] 在他看来，保家卫国，人人有责，去不需要理由；不去才需要理由。著名固体物理学家、教育家、中国科学院院士谢希德回想自己的人生历程时，一种想法很快占据了她的大脑：“在迎接祖国新生的岁月里，自己出国求学，没有做什么工作。现在祖国建设急需大批人才，我却留在国外，还是没有什么贡献，这怎么说得过去呢？回国参加社会主义建设，这应该是自己义不容辞的责任，不能再等了。”于是，她下定决心在学习告一段落后，立即返回祖国参加社会主义建设[②]。

从诸多老科学家的亲身经历和朴实言语中可以看出，老一辈科学家们在面对祖国的召唤时，具有强烈的报国、救国意识，抵制住了各种诱惑，坚定了回国信念，把回国为祖国做出自己的贡献看成自己义不容辞的责任和应承担的义务，展示出了科学家们献身祖国的决心。

---

① 郭兆甄. 王淦昌传［M］. 北京：中国青年出版社，2014：65.

② 工增藩. 谢希德［M］. 北京：金城出版社，2008：48.

2.1.2 以国家的需要为最高原则

科研方向的选择，对于研究者来说至关重要，但为了响应祖国号召，老科学家几乎都以国家的需要作为自己的专业或研究领域。他们毫不畏惧，从头做起，从零开始，一切以国家的需要为最高原则，在国家和民族的宏伟事业中，实现着他们的价值，用他们的光芒照耀着华夏大地。他们有的不得不远离亲人朋友，难以团聚，照顾不到家庭，有的甚至终生倍感愧对家人朋友。有的不怕威胁迫害，冲破重重障碍，毅然归来，不惜放弃优越条件和令人羡慕的高薪，用自己的所学报效祖国。面对国外的利诱，他们毫不动摇；面对归国的艰难曲折，他们义无反顾；面对新中国的需要、亲人朋友的召唤，他们无怨无悔地踏上了归途。他们时刻表明着一个明确的态度，如果国家需要，他们随时都在，需要他们做什么，他们就可以立刻放下现在所从事的工作。可见，为国无私奉献的爱国情怀在老科学家身上的深刻体现。

其中有的科学家为了国家的需要放弃了自己的兴趣爱好，放弃了自己可以轻车熟路的研究领域，放弃了自己已取得重大突破的项目，甚至放弃了自己继续求学深造的大好机会。例如，中国工程院院士、航天自动控制专家梁晋才一直认为，自己最擅长、最热爱的是导弹武器系统专业技术的研究工作，但自己其实并不精于管理，可当上级接二连三地让他负责复杂的管理工作时，他虽然有些不明白领导到底看上他什么了，却还是义无反顾地答应下来。梁晋才承接的每一项任务，都是千头万绪的，让他时常陷入困境，但他从没有抱怨过，更没有后悔过[①]。服从国家需要、组织要求、集体利益，是梁老的真实写照。当有记者问我国卓有成就的物理学家何泽慧，她是什么时候对物理产生了兴趣时，她连连否定："没有兴趣，没有兴趣，那时候就是为国家，说老实话，我念哪一个系都一样，不管物理不物理。"[②] 我国著名机车车辆动力学专家沈志云，在 1952 年填报工作志愿时，三个志愿都填的是去机车车辆工厂。他回忆说："可惜，事与愿违，组织让我留校工作，并且分配到理论力学教研室从事基础教学……但是当时国家需要是第一原则啊，我只好放下心爱的专业去搞基础教学。"[③] 水文地质学家、工程地质学家陈梦熊，当中国正处于全范围进行经济建设的 20 世纪 50 年代，无论是城市建设、农业灌溉、矿产开发，还是水利工程、交通工程或是其他各种基本建设，都非常需要了解水资源的情况。在这种形势下，掌握全国性的区域水文地质资料无疑更加迫在眉睫。因此，当时虽然舍不得放下手中正干得起劲的铁路工程地质工作，

---

① 张慧燕. 梁晋才院士传记［M］. 北京：中国宇航出版社，2015：201.

② 刘晓. 卷舒开合任天真：何泽慧传［M］. 北京：中国科学技术出版社，2013：49.

③ 张天明. 我的高铁情愿：沈志云口述自传［M］. 长沙：湖南教育出版社，2014：40.

也深知从事水文地质学的工作对自己来说是生疏又艰巨的任务，但陈梦熊没有犹豫，积极接受了负责领导全国区域水文地质普查的任务，而且从此把自己的一切毫无保留地献给了中国的水文地质事业①。天体化学和地球化学学家欧阳自远谈道："1952 年我高中毕业时，正值国家开展大规模的经济建设，需要大批地质工作者去探明地下宝藏；国家提倡和鼓励学生报考地质专业，历史的使命感使我违背了当医生的父母希望我学医的愿望，也与我幼年意欲'上天'的遐想相悖，毅然以第一志愿报考了北京地质学院。国家的需要就是个人的兴趣和需要。"② 再如著名核物理学家钱三强，在针对年轻人不愿做服务性的工作时说："现在有些年轻人不愿意做服务性工作，这种人常常失去学习的机会。"他引出了自己的一段亲身经历。20 世纪 30 年代末，研究放射化学位居前列国家是德国和法国。在居里实验室，放射源是由化学师做的。钱三强在实验室干了两年后，就向导师约里奥夫人提出："我能不能学点化学技术?"约里奥夫人不解地问："你对这种工作也感兴趣?"钱三强回答："不是兴趣，是需要。将来回国后非常困难，放射源也得自己做。假如国内有点铀矿，自己就可以动手分析了。"看来，钱三强一刻也没有忘记，自己在这儿学习本领，是为了回去建设祖国。"啊，是这

---

① 李娟娟. 陈梦熊传［M］. 南京：江苏人民出版社，2014：106.

② 卢嘉锡. 院士思维：第 2 卷［M］. 合肥：安徽教育出版社，2003：794.

样。”导师被学生深深感动了[①]。

有的科学家为了国家的需要，多次改变自己的专业和研究领域。如物理化学家林励吾回忆说：“我和同时代的人从共和国工业化建设起步时，就满怀激情地投入到工作中。从参加工作起，近半个世纪以来，我一直从事石油炼制、石油化学和合成化学等方面的催化剂、催化工艺及有关的应用基础理论研究，并作为主要技术负责人之一参加并圆满完成了几个大型化工项目的假设。50 年代，国家缺少天然石油，我们就研究人造液体燃料；60 年代，国家缺少航空煤油，我们就研究大庆原油中的石蜡基高凝固点，我们先后研制了多金属重整催化剂、长链烷烃脱氧催化剂。近几年，我又转而研究与国民经济关系密切的天然气化工和合成气化学等。几十年来，我始终从国家的需要和本学科的国际前沿发展状况出发，在所从事的研究领域中选择有生命力、有发展前途的问题作为研究课题，并承担工程项目。”[②] 同样，我国著名科学家钱伟长，在他的一生中，不断地改变所学专业和研究领域，共涉猎了 16 种不同的专业，做了很多貌似不相干的事情，而这都是因为国家需要。在他看来，他没有自己的专业，没有自己想要做的事。他说：“国家需要什么，我就做什么。”“别把

---

① 晓亮. 从清华走出的科学家［M］. 北京：中国三峡出版社，2010：231.

② 卢嘉锡. 院士思维：第 2 卷［M］. 合肥：安徽教育出版社，2003：776.

专业看得太重。国家需要才是最重要的。”① 国家需要是他选择的依据。著名物理学家李林回忆说：“1951 年 11 月，我完成了博士论文答辩的第二天，还没等拿到博士证书，就急匆匆地踏上了归途，不久便回到了日夜思念的祖国，开始投身于新中国的科学研究和建设事业。解放初期，为了新中国经济建设事业的需要，我抱着‘组织叫干什么就干什么’的想法，从事了多项科研工作。因此我在中国科学院工学馆的 7 年中，先后进行了有关球墨铸铁、包头铁矿、硼钢的科研工作。在这期间，我作为周仁、吴自良先生的助手，虚心向他们学习请教，深感所学到的东西比在英国时多得多，促使我能够独立地开展科研工作。1958 年，我被调到二级部原子能所从事核反应堆的核燃烧原件和材料的辐射腐蚀工作。开始一年多还有苏联专家指导，后来苏联专家全部撤走，而且连一点资料都没有留下。这样，我又参与完成了核潜艇动力堆和生产堆的建设任务。1973 年，组织上派我去参加加速器的建设工作，由于我是学金属物理的，故让我去做超导铌腔的抛光工艺研究。实际上，我对超导体一点也不懂，只好从头做起，那时我已经是 50 岁了，我只有认真‘啃书’，钻研文献，还经常请教超导专家。我转到中科院物理研究所后，才真正开始了我后半生的科研生涯。总之，通过简要回顾我的

---

① 柯琳娟. 钱伟长传：以国家的需要为专业的科学家［M］. 南京：江苏人民出版社，2009：151.

求学经历和科研生涯，我深深地感到，正是祖国和民族的命运铸造了我献身科学的爱国情怀；新中国经济和国防建设的迫切需要使我不断变换科研主攻方向，树立了‘急国家之所急，想人民之所想’‘组织上让干什么就干什么’的科研态度。”①

更有甚者为了国家的需要，不惜隐姓埋名，默默付出。哪怕从此鲜花、掌声、所有的名与利都与自己无关，他们仍无怨言。例如，1961 年春季的一天，当时的第二机械工业副部长、著名科学家钱三强把年近 50 岁的女科学家王承书请到自己的办公室，神情庄重地对她说：“祖国需要自己的科学家研制原子弹，这是保密性极强的工作，你将不能再出席任何公开会议，更不能出席国际会议。你愿意隐姓埋名工作一辈子吗？”王承书不假思索地说出三个字：“我愿意！”② 这极为平常的三个字，对杰出核物理学家王承书意味着什么？毫无疑问，将意味着放弃自己熟悉而喜爱的专业，从此放弃科学家应有的学术待遇和荣誉，放弃一切名利，而不能像其他领域的科学家一样享受鲜花和掌声，不管做出多大的贡献，自己的名字也不会为人知晓。王承书在回国后不久，她在给朋友的信中写道：回国前我已经暗下决心，一定要服从祖国的

---

① 卢嘉锡. 院士思维：第 2 卷［M］. 合肥：安徽教育出版社，2003：475.

② 席学武. 永恒的人生：王承书传［M］. 北京：中国原子能出版社，2015：1.

需要，不惜从零开始。同样，国家著名金属物理学家陈能宽一生中的研究方向多次转换。无论是选择金属材料学，还是投身核武器研究，抑或是领导“863”计划激光领域研究，陈能宽始终立足国家需要，面向国家目标。在他看来，个人的研究兴趣和对研究前沿的把握固然重要，但关键是，科学研究要立足于基础研究，立足于国家需要。国家需要你转换研究方向，你就应当服从国家的决定。虽多次转换研究方向，但他无怨无悔。陈能宽从出国求学、扬名海外，到毅然放弃一切、回国报效，走的是百余年来中国知识分子一直追寻的一条大道，就是爱国奉献，为中华民族崛起而奋斗的大道。在这条大道上，他的选择是那样的自然从容，即便有所放弃，也很有价值。他回想起在上大学时，“重庆上空飞来飞去、狂轰滥炸的日军飞机以及在美国所遭受的不公正待遇，这是心中永远的痛。中国想要摆脱贫穷大国的帽子，国防事业一定要强大。这是一个淳朴的道理——落后就要挨打受气”。为了国家的利益，陈能宽决定放弃个人感兴趣的研究领域，服从祖国的召唤。这是他科学生涯的一次重大转折。此后陈能宽被调入核武器研究院，他与家乡亲人的联系骤然减少，甚至将近 30 年的时间内都不和家里通信，往来更是没有。而这一切都是因为陈能宽从事的绝密工作，不得已而为之。陈能宽清楚地知道，敌人的情报工作无孔不入，即使是蛛丝马迹，一切都会留下痕迹。也许一张纸片、一句无心的闲聊、他见过的人、看过的书籍等，在别有用心的人那里，都成了情报的来源，都可以成为推断中国核武器发展轨迹的有用情报。所以他不能和朋友、家人倾心交谈，他对此很愧疚，但就连这份愧疚都要埋藏在心底。直到 1989 年距离别故乡 50 多年后，他才回到家乡探亲，那时他的父母和两个兄长都早已去世，他也未能见到亲人最后一面①。再如我国核物理学家、中国核科学的奠基人和开拓者之一、中国科学院院士王淦昌，正当他的科学事业和国际声誉如日中天的时候，当时任第二机械工业部副部长的刘杰紧急约见他，要他即刻进城，有要事相商。那是他永远难忘的日子——1961 年 4 月 1 日。这次会面，决定了王淦昌这位早在 20 世纪 40 年代就被美国人编撰的百年科学家大事记列入其中的国内外闻名的核物理学家的后半生。王淦昌从此隐姓埋名，默默无闻地从事一项伟大的事业，将他的后半生奉献给中国国防工业，成为研究中国核弹的开拓者。王淦昌向刘杰说了一句话："我愿以身许国。"②

还有老科学家面对新中国的需要，不惜放弃自己的学业的修读，为了祖国科学事业发展的需要，一干就是数十年，夜以继日地工作也从不提辛苦。在他们眼里，祖国需要他们

① 吴明静，凌宴. 许身为国最难忘：陈能宽［M］. 上海：上海交通大学出版社，2015：80，119，120，158，176.

② 晓亮. 从清华走出的科学家［M］. 北京：中国三峡出版社，2010：69.

去哪里就去哪里，需要他们干什么就干什么。我国著名航天技术专家、中国空间事业开创者之一王希季，新中国成立时他正在美国攻读博士学位，当他听到新中国成立的消息，喜不自禁，毅然放弃了美国政府为留住中国留学生提供的优厚待遇，终止了博士学位的攻读，通过英国签证途径，几经艰苦辗转于 1950 年年初回到祖国的怀抱①。国际著名金属物理学家柯俊在面对回国后是去北京的科学院研究所还是去新组建的北京钢铁工业学院这个问题时谈道："祖国需要我们去哪里，我们就去哪里，不能挑三拣四，到哪个岗位都要好好干，行行出状元。"② 柯俊的一生都与祖国的命运紧紧联系在一起，时刻根据祖国的需要而付出努力，始终为祖国的繁荣昌盛而勤勤恳恳地劳作和不计回报地付出着。这正体现了柯俊身为老科学家的强烈的民族责任感和爱国精神。蚕学遗传育种专家、蚕学界的唯一院士向仲怀，在接受采访时被问到是什么原因促使他一直在蚕学界辛勤耕耘 60 载，他回答说："我们的蚕学研究每前进一步，就会促使蚕农收入的明显提高，使得中国蚕丝业在世界的领先地位更坚实一些，这就是我和我的团队不断探索的理由。"③ 正因如此，他扎根蚕学研

① 余玮，吴志菲. 中国高端访问叁：推动中国科技进程的 20 人［M］. 北京：经济日报出版社，2007：30.

② 韩汝玢，石新明. 中国科学院院士传记：柯俊传［M］. 2012：64.

③ 江东洲. 与院士面对面："孔雀西南飞" 人才战略研究课题组院士专家访谈录［M］. 南宁：广东人民出版社，2017：229.

究，一干就长达60载。理论电工和电子工程专家俞大光从早期树立教育救国的人生目标，到后来投身于祖国的尖端核武器事业，他始终以国家、民族利益为重，在国家民族的宏伟事业中，创造他自己的人生辉煌，以其人生辉煌照耀着伟大的祖国[①]！可见俞老将自己的人生追求与国家、民族的事业紧密结合在了一起。

由此可以看出，在老一辈科学家心中，国家利益高于一切，为了国家，可以重新选择或放弃自己的专业，国家的需要就是他们为之奋斗的目标，哪怕愧对家人和朋友，一辈子隐姓埋名，他们也觉得一切都是值得的。他们为国而学，无私奉献。

2.1.3 爱国情怀，薪火相传

老科学家不仅自己饱含强烈的爱国热情，立志做一个对国家、对社会、对人民有用的人，而且他们不忘以身作则，言传身教、潜移默化地去影响身边的同学群体和培养自己的学生，帮助他们树立爱国理念，为新中国培养更多的爱国者。这都时刻显示出老一辈科学家对我国人才培养的良苦用心和对祖国的强烈热爱。

钱学森就表示他之所以回国就是受到了数学家华罗庚和

---

① 田兆运．俞大光传［M］．北京：航空工业出版社，2015：238.

金属物理学家葛庭燧的影响。

我国数学家华罗庚从美国回到中国时，发表了一封《致中国全体留美学生的公开信》。他在这封长达万字的信中，情真意切地动员爱国知识分子放弃国外优越的物质生活，投入祖国的怀抱并尽自己的一份力。他写道："……朋友们，梁园虽好，非久居之乡！为了抉择真理，我们应当回去；为了国家民族，我们应当回去；为了为人民服务，我们也应当回去……为了我们伟大祖国的建设和发展而奋斗！"钱学森表示受到了华罗庚公开信的影响并为之动容①。

同样，著名金属物理学家葛庭燧堪称老一代"海归"的楷模，在新中国成立伊始，他毅然放弃了国外优厚的生活待遇归国创业，为当时的祖国科学事业填补了空白；他牺牲个人利益，为祖国的科学事业和培养后备人才做出了巨大贡献。这在他写给钱学森的一封亲笔信中不难看出，信中写道："顷接曹日昌兄香港来信，附有致兄一信，谨此奉上，请查收。曹兄系清华同学，曾留学英国，现任香港大学心理学教授。据悉，伊现为国内外联络人之一，此次致兄信系尊北方当局之嘱。敦请吾兄早日返国，领导国内建立航空工业。曹兄来信虽语焉不详，但是很可见北方当局盼兄回国之切。如兄愿考虑近期内回国，则一切详情细节自能源供给。据弟悉，北

① 源自：华罗庚《致中国全体留美学生的公开信》，1950年。

方当局对于一切技术建设极为虚心从事，在为人民大众服务的前提下，一切是有绝对自由的。以吾兄在学术上的造诣之深及在国际上的声誉，如肯毅然回国，则将影响一切留美人士，造成早日返国致力建设之风气，其造福新中国者诚无限量。弟虽不敏，甚愿追随吾兄之后，返国服务。弟深感个人之造诣及学术地位较之整个民族国家之争生存运动，实属无限渺小，思及吾人久滞国外，对于国内伟大的生存斗争犹如隔岸观火，辄觉凄然而自惭！”可见葛庭燧多么希望钱学森可以回国，而钱学森后来也一直保存着当年葛庭燧写给他的这封信。在1993年葛庭燧80岁诞辰时，钱学森在贺信中写道：“我永远也不能忘记是你引导我回到祖国的怀抱。”①

此外，老科学家在人才培养的过程中，无时无刻不在身体力行，言传身教去引导自己的学生，教导他们要拥有一颗爱国之心，要时刻想到自己的祖国，学成之后一定要报效自己的祖国。如国际著名普通外科专家、医学教育家黎介寿认为，一个人必须是爱国的，因为有国家才有国人，也才会有自己，而爱国必须有所行动，尽最大的努力为国家做一些事情，所以常常跟他的学生讲，中国人要有中国人的志气，应该在中国自己的土地上谋求事业的发展。他平时谦虚和蔼，在国内讲学从不张扬，对自己的骄人成绩也闭口不谈，但到

① 刘深. 中国科学院院士传记：葛庭燧传［M］. 北京：科学出版社，2010：109.

国外讲学，他时时不忘宣传祖国的强大，展示“中华”牌。黎老时刻以身体力行感染身边的年轻人以国家利益为重①。与此同时，他鼓励学生出国深造，但在出国前，他会告诉学生们说：“要把出国作为接受爱国主义教育的好时机，出去看一看，现在中国发展了、日渐强大起来了，人家对我们的态度和以前不一样了；同时也要看看外国人与咱们中国人是不是真正的平等的。如果还没有真正的平等，也不要怨天尤人。我们回国后更应该多做工作、多出成绩，使我们的国家更加强大。”② 航空制造工程焊接专家关桥在时代的召唤下，到祖国最需要的和最艰苦的岗位上去焕发青春的光和热，这也是他直面人生的座右铭。他在告诫自己的学生栾国红时正体现了这一点：“你去加拿大，诺尔斯教授我认识，你进修完一年后，就赶快回来！”一年进修完，诺尔斯教授想把栾国红留在那里继续攻读博士学位。当栾国红来信征求关桥的意见时，关桥说：“不行！搅拌摩擦焊在625所刚刚起步，‘十五’计划中，搅拌摩擦焊在625所会有突破性发展，希望你能够及时回国，有一个大课题项目要上马，你要顾全大局。”③ 关桥的爱国情怀薪火相传，引导学生也要以国家的需要为第一位。我国著名微波理论专家林为干一生中培养了众多学生，其中

---

① 陈忠良，吴善新，高铭华. 黎介寿传［M］. 北京：人民出版社，2014：67.

② 同①192.

③ 姚远，刘凡君. 关桥传［M］. 北京：航空工业出版社，2014：229.

很多学生走出了国门，去国外进行学术交流、深造或者工作，他告诫学生：“你们要记住，无论走到哪里，你们始终是中国人，要让祖国为你们骄傲。中国送你们留学不容易，寸草春晖，报效祖国是我们起码的良知。”[①] 我国固体物理学家、教育家、科学院院士谢希德，在担任繁重的学校领导职务的同时，并没有忘记自己的本职工作——教书育人。无论是学习、思想还是生活上，只要学生有问题、有疑惑，一旦反映到她那里，就会得到圆满的答案、热心的关怀。毕竟，幼苗的成长离不开园丁的浇水施肥、修剪爱护。在个别学生经不住西方资产阶级思想的侵袭，产生了一些模糊观点时，谢希德总忘不了抽空来到学生中间，结合切身体会与他们交心恳谈。青年时代的谢希德曾在美国深造，新中国成立以后她毅然放弃了良好的生活环境和工作条件回到祖国，投身于新中国的科研和教育事业。针对这一情况，有的学生不禁提出疑问：“在新中国成立之初为什么要急于回国？”她回答：“只有祖国强盛，中华民族才能在世界上赢得地位，树立起伟大的形象；祖国的强盛是炎黄子孙的骄傲，每一个中国人都应该为祖国的繁荣昌盛做贡献。”她的一言一行，像甘泉滋润着学生的心田，激励着学生以她为榜样，把自己的命运与祖国联系在一起，找到学习和工作的原动力。在一次与全校数百名

① 田永秀. 做一辈子的研究生：林为干传［M］. 北京：中国科学技术出版社，2013：159.

学生谈心时，她再次提出，祖国的繁荣与强盛，是每一个炎黄子孙孜孜以求的崇高目标，希望复旦大学的学生要为祖国争光，为复旦大学争光[①]。可见，在谢希德的教育思想词典里，最关键的词汇就是“爱国”二字。我国神经生理学家张香桐多年来推荐了一批又一批的研究生出国进修。在他们启程之前，张香桐总要谆谆嘱咐：“要记住，你不是代表自己去的，而是代表脑研究所，代表国家去的。你是为发展中国的脑研究去的，不是为外国人搞研究去的。”把研究生送出去后，张香桐不忘联系他们，关心他们在国外的生活和工作，从思想上引导他们，不断鼓励他们为国争光。著名焊接工程专家潘际銮常常教育他的学生要树立远大的理想，勇于拼搏，最重要的是要有以民族振兴为己任的责任感和使命感，急国家之所急，忧国家之所忧。他经常对学生说，科研工作一定要立足于国家的需要，努力解决当前生产实际需要，而不是从事那些仅为评职称、拿奖金等而罔顾国家需要的所谓“研究”。为此，他要求学生要了解社会、认识社会。他在一次与博士生座谈会上说：“科技进展对推动国民经济发展有重大作用，作为老师特别是工科老师，作为博士生特别是工科博士生，都必须重视与国民经济有关的重大科技问题，必须重视产学研结合。这是高等院校的责任，也是我们大家的责

① 王增藩. 谢希德［M］. 北京：金城出版社，2008：167.

任。”① 潘际銮一生都在践行科学研究为国家民族建设事业服务的这一原则，并以此来影响自己的学生。我国动力机械专家倪维斗在给自己出国留学的弟子徐向东的信函中写道：“我想你也会同意，出国学习的目的是主要是要学会本领，尽快地回国发挥作用，在国外完成任务又是前者的一个手段。”② 在老科学家的谆谆教导下，他们的学生不仅大多能够在自己所从事的领域独当一面，与此同时还具有强烈的爱国之心，而这与老科学家自身的爱国之情是分不开的，他们的爱国情怀薪火相传。

2.2 老科学家与科学事业的关系——科学至上

老科学家作为在我国科技界取得重大成就的典型代表，在他们一生中无不展现出对科学的热爱，对真理的狂热追求，哪怕身处逆境，也从未放弃，为科学事业奋斗终生的澎湃激情和态度成为老科学家们的人生宝藏。他们实践着巴甫洛夫的名言——科学是需要人贡献出毕生的精力。他们废寝忘食地探索着实验的结果，哪怕是受尽苦行僧般的煎熬，也依然不会放弃。例如，材料科学家、中国无机材料科学技术的奠

① 徐丽萍，华荣祥. 潘际銮传［M］. 北京：科学出版社，2013：173-174.

② 倪维斗，王奇. 倪维斗传［M］. 北京：清华大学出版社，2014：118.

基人和开拓者之一严东生，尽管身处极其艰难的科研环境之中，依然保持着一个科学家所具有的正直品格和对科学事业的热爱与追求。他对自己所从事的科研事业满怀信心，没有丝毫的灰心和动摇，他总是鼓励大家要坚定信心。他不顾个人安危，同一些科研人员一起完成了多项重要的军工任务，为国民经济和国防建设做出了贡献。而这就是严东生，秉承科学至上理念的严东生①。同样，实验生物学家贝时璋说："一个真实的科学家，是忠于科学、热爱科学的；他热爱科学，不是为名为利，而是求知识、爱真理，为国家做贡献，为人民谋福利。对科学家来说，最快乐的事情就是待在实验室里做实验，或是待在图书馆里看书。"② 科研道路上的艰辛可想而知，正如郭沫若所言："科学是老老实实的学问，来不得半点虚假，需要付出艰辛的劳动。"我国老一辈科学家不畏艰难险阻，在科研道路上，持之以恒，锲而不舍，努力摆脱许多外来的干扰，兢兢业业，达到不计得失、不计荣辱甚至不计生死的境界，把他们的毕生精力毫无保留地献给了自己热爱的科学事业。他们多年来如一日，在科研第一线始终埋头苦干，哪怕遇到诸多艰难险阻，也不曾消磨他们对科学

① 高子平，段炼. 宏才大略　科学人生：严东生传［M］. 上海：上海交通大学出版社，2014：89.

② 王谷岩. 贝时璋传［M］. 北京：科学出版社，2010：276.

一如既往的追求。在他们身上无不彰显出科学至上、献身科学的情怀。

2.2.1 敢为人先，填补科研空白

科学研究就是探索未知，世界著名科普著作家阿西莫夫说过：“创新是科学房屋的生命力。”我国科学事业之所以能够取得今天的成就，得益于我们的科学工作者富有创新意识，有敢为人先、填补科学空白的创新精神和品质。他们几十年如一日锐意创新，奋斗不止，不断攀登科学高峰，攻克一个又一个科学难题，开创一个又一个新领域，始终保持昂扬向上、奋发有为、敢为人先、百折不挠的勇气奋力开拓进取，在不断创新中取得新成绩，做出新贡献。老科学家中不乏科技领域的奠基者和开拓者，他们身先士卒，拼搏在第一线，取得了重大科技成就，填补了我国科技空白，推动了我国科学事业的不断发展。

他们敢于去探索未知，甘愿做第一人。例如，著名焊接工程专家潘际銮在 1951 年 2 月到焊接师资研究班学习，在这之前，他对焊接并无特别的偏好。不过，在清华大学读书时他听过李辑祥教授的“焊接学”课程，知道焊接技术的重要性，以及这种发展中的先进技术将会在新中国未来的经济建设中发挥重要作用。他愿意做新中国焊接技术领域的第一批铺路者，因此，他主动报了焊接专业。这是他一生最重要的

抉择之一，从此，潘际銮就与焊接事业结下了不解之缘①。敢于探索未知的东西，不断地去开拓中国的焊接领域，取得新的成就是他们的敢为人先、填补科技空白的真实写照。著名固体物理学家谢希德注重教学和科研相结合，在国内积极开展科学研究，取得了长足的进步。几年中，她利用在美国从事半导体研究的基础，全力以赴向这一新兴科研领域进军。1954年，她与方俊鑫等同志负责筹建了固体物理教研室，成为我国固体物理研究的拓荒者之一②。此时的她在这个过程中已经完全忘记了患病给她带来的痛苦，仍然置身于科学的海洋，以她的那股韧劲和拼命精神，向着科学的彼岸奋力游去，好像前面有永远开辟不尽的新天地在等待着她的拓荒。她把自己的发展与祖国、社会的进步融为一体，不断地去开拓新领域。

他们敢于突破，坚持自主创新。在各大国博弈的重点也是技术制高点上争夺的重点——航空领域，他们从无到有、从有到强地走出了一条独具特色的发展道路，并取得了举世瞩目的成就，成为公认的“国家名片”。而在这个过程中，可以毫不夸张地说，最大的法宝就是自主创新。20世纪90年代中期，在中国工程院院士黄瑞松领导下的中国航天三院在进行“强国弹”的研制过程中，面对院里部分同志急于

① 徐丽萍，华荣祥. 潘际銮传［M］. 北京：科学出版社，2013：26.

② 王增藩. 谢希德［M］. 北京：金城出版社，2008：61.

求成，反对使用自主研发的发动机时说道："大家的心情我都能理解。目前发动机是出现了一些问题，但搞一个新的东西，出点这样或那样的问题都很正常，哪有一帆风顺的路途呢！动力技术研究所的同志们已经做了很多工作，总体上看，发动机不是已经取得了很好的成绩嘛，大家要看到好的方面。咱们再给他们点时间，我相信他们能解决。我们的发动机走到今天这一步，已经很不容易了，不能就此放弃。去原厂买，表面上看能解决一时之急，但时间长了怎么办？近几年我们买的一些装备在维修保养上就受制于人，这是因为核心技术不在我们手里。我们要增强研制能力，我们的军队要增强国防实力，靠买高端、核心技术肯定是不行的，富国强军必须坚定地走自主创新的路子，否则我们就永远是二三流国家、二三流装备，武器装备总被人看不起。"听了黄瑞松院士的一席话，所里所有同志以不放弃、不抛弃的精神，攻克一个又一个难关，最终"强国弹"问世，很快批量装备部队，成为中国海军水面舰艇的主战装备，还荣获了国家科技进步一等奖。可以看出，中国"强国弹"之所以能够取得如此骄人的成绩，在很大程度上是因为黄瑞松院士敢为人先，始终"不放弃、不抛弃"，敢于去填补我国在航天领域的空白的创新精神①。我国被子植物生殖生物学的开拓者和奠基人杨弘

① 马林. 院士专家谈创新［M］. 北京：北京理工大学出版社，2016：24-27.

远，在20世纪90年代，率先在我国倡导植物发育生物学研究，主持了我国第一个植物发育生物学重大课题，并创建了我国第一个植物发育生物学教育部重点实验室和第一个发育生物学全国重点学科①。正是对科学技术价值的追求，指引着杨弘远院士将毕生精力奉献给了我国的植物生物学研究，为我国生物学相关专业的创建和快速发展做出重大贡献。同样，敢为人先的还有著名的神经外科专家王忠诚，正如众人所知，一名大夫能够在他的一生中破译一两个"未解之谜"，这名大夫就应该是一个很幸运的人。而王忠诚以他对病人的无限热爱和不知疲倦的创新，破译"未解之谜"的数量远不止一两个，而是一个系列，可以列出一张长长的清单。这份清单中的每一个项目，都是王忠诚挑战历史取得的一次重大突破。如1975年成功完成国内第一例破坏苍白球治疗帕金森综合征手术；1976年成功完成国内第一例显微外科垂体腺瘤切除术；1978年成功完成国内第一例枕动脉和小脑后下动脉吻合术；1980年成功完成第一例全世界最大的无血栓颅内动脉瘤切除术；1985年成功完成国内第一例经皮半月神经节后根甘油注射……这些"第一例"被王忠诚统称为"超常病例"。在一篇回顾性文章中，他说："这样一些超常病例，使我学到许多难得的经验。"他在文章接下来的文字中讲了一

① 杨欣欣，陈丽霞. 名师风范走进院士与资深教授［M］. 武汉：武汉大学出版社，2017：69.

大段“我们的知识取之于病人，自然也应该还给病人”的道理；而只字未提“超常病例”给他带来的“超常”风险，还有对他身体的“超常”损害[①]。上述老一辈科学家不断去探索新的领域，解决新的难题，敢为人先，去填补我国科技空白，促进我国科学事业的不断发展。

2.2.2 皓首穷经，坚守科技岗位

在科学家从事科学研究的过程中，科研道路不可能是一帆风顺的，不可避免地会遇到种种困难，诸如外在条件匮乏、资金短缺、科学难题等。在面对这些困难时，老一辈科学家从不气馁、从不放弃，坚守在科技岗位，没有条件就创造条件，他们咬紧牙关，锲而不舍，不断去战胜困难，为突破科研难题，他们持之以恒，废寝忘食，正因为有他们对科学矢志不渝的坚守，才能为推动科技的进步和社会的发展做出重大贡献，并且在老一辈科学家中，我们不乏看到虽然终生坚守在科技岗位上为我国科学事业做出重大贡献的。在长达几十年的科研生涯中，他们将个人的科研实践与祖国的需要以及我国科学事业的发展紧密结合起来。本可以享受天伦之乐的他们，依然忙于自己的课题，忙于自己的研究，忙于教材、专著的编写。

---

① 杨家杰. 病人永远是我的老师：王忠诚院士传［M］. 北京：作家出版社，2016：83-84.

他们对科学的热爱始终如一，从未想过从科技岗位上退下来，不少科学家都表达了要在自己的岗位上坚持到最后一刻。他们把毕生精力都献给了科学事业。如中国著名医学家、中国妇产科的主要开拓者之一林巧稚所言："我是一辈子的值班医生。"林老十几年如一日坚守在工作岗位上，病房就是她的家。她用一双灵巧的手，迎接了5万多个小生命来到人间。许多父母感念她从死亡线上抢救出自己的婴儿，就给自己的孩子取名为"念林""爱林""敬林""仰林"等①。著名外科专家黎介寿快90岁时，家人想让他在家颐养天年，享受天伦之乐，但黎老总说自己的研究课题还没有做完②。其实家人深知，黎介寿对医学事业的重视，甚至超过了他对自己身体的重视，他怎么可能离开岗位退下来。我国著名金属物理学家葛庭燧谈到自己的人生感悟是"八十之后而知不足"。他在83岁高龄时仍奋斗在科研第一线，为此，他曾风趣地让人们把他的年龄倒过来说，说自己才38岁。他说："我没有办理退休，我一直要干到见马克思。"③ 他已经下定了"生命不息，科研不止"的决心，坚守在科研一线。同样，我国著名神经生理学家张香桐回首往事，挥毫填词《调寄鹧鸪天》

---

① 方守贤. 院士的故事·圆梦中国［M］. 北京：科学普及出版社，2014：56.

② 陈忠良，吴善新，高铭华. 黎介寿传［M］. 北京：人民出版社，2014：132.

③ 刘深. 中国科学院院士传记：葛庭燧传［M］. 北京：科学出版社，2010：211.

一首，抒发情怀，以纪念自己从事科研工作50年："寻经觅道五十年，回首弹指一瞬间。不觉鬓发白如雪，犹在灯下做苦禅。道何在？在眼前。道在飘缈未知天……待我得道成仙日，遍洒甘露到人间。"[①] 可见，张香桐的一生，就是追求科学真理的一生。完全可以这样说，他的一生中，除了一直不懈追求的科学真理外，其他的事在他心中都没有什么位置。张香桐把毕生精力都投入到了对科学真理的追求之中，他把全部心血都献给了他热爱的科学事业。我国著名生物学家和教育家贝时璋，时值耄耋，本该颐养天年、尽享清福，他却依然关注着科学的研究进展，依然在努力推进科学的发展，而且要"尽可能再多做些工作，尽可能做得好些"。贝时璋说过他是用自己的生命研究生命，这句话是他一生献身生命科学的写照。贝时璋的寿命超过了一个世纪，自1923年在德国图宾根大学研究动物的个体发育和细胞常数开始，到2009年10月逝世，共86年，他把全部的精力贡献给了生命科学，谱写了世纪科学人生。他曾说道："我已年过95岁了。如果我的身体条件允许，我将跟在大家后面，再做点服务性工作，以不辜负在座各位领导、各位同志和朋友们的鼓励和鞭策。"不难看出，贝时璋总是在着力推进研究所科研工作继续发展[②]。贝时璋是永不退休的科学家，进入百岁高龄之后，也

---

① 张维. 张香桐传［M］. 上海：上海科技教育出版社，2003：346.

② 王谷岩. 贝时璋传［M］. 北京：科学出版社，2010：296-297.

依然时刻牵挂着国家的昌盛和科学的发展，他的一生与中国科学的发展紧密联结在一起。中国工程院院士、航天自动控制专家梁晋才说：“我在航天战线上奋斗了几十年，经历了风风雨雨，走过了几多坎坷，既有失利的痛苦，也有成功的欢欣。如今我虽已是耄耋之年，但对事业的热爱和追求却从未改初衷，我从未因自己选择了航天事业而后悔……在我有生之年，我将尽自己的能力和水平，把战术武器研制再提高一个水平，再上一个新台阶，为提高国家的综合实力，为武器装备的现代化，为实现祖国统一大业而尽一个老航天科技工作者的力量。”①

在面对科技难题、外在环境等困难时，他们都不曾放弃，咬紧牙关，克服困难，夜以继日地坚持探索，突破一个个难关，解决一个又一个问题。如材料科学家、中国无机材料科学技术的奠基人和开拓者之一严东生，他的科研生涯长达七十余年，在他的科研生涯中，他始终将自己的科研实践与国家的科技、经济发展紧密结合起来，在国家科技发展的几个重要时期，多次直接参与了国家科技政策、规划的制定，并逐步形成科技战略思想。同样，我国水力发电工程专家张勇传回忆说：“我承担的科研任务大都是有关水电能源开发、调度和控制的，限于当时的计算机水平，写出一个方案要三天

---

① 张慧燕. 梁晋才院士传记［M］. 北京：中国宇航出版社，2015：280.

三夜。课题组吃住在机房，还常常是劳而无获，又困又失望，好在我还有不达目的不罢休的信念，不断找出失败的原因，又投入到新的一轮探索中，最终总是功夫不负有心人。”[1] 张勇传锲而不舍地钻研，没日没夜地探索，是其对科学不懈追求的真实写照。我国农业机械化专家蒋亦元饶有兴趣地回忆说：“那时候，我们几个人把全部的业余时间都用在学习上了，除了给学生上课外，办公室几乎成了白天工作活动的唯一地点，寝室只是履行了睡觉的义务。从每天清晨天还未亮就出来，一直到夜深才回去睡觉。由于日复一日地这样早出晚归，所以在寝室从未开过电灯。直到有一天学校搞爱国卫生运动，给各单位放假一天，要求师生员工彻底打扫宿舍卫生时，我们才第一次看清它的‘真面目’。天啊，简直是满地灰尘，脏乱程度堪称狼藉……”[2] 透过这一段看似好笑的故事，蒋亦元和同事们当年勤奋和钻研的精神可见一斑。他们“学习、学习再学习”，为了赶进度，不止一次和学生们废寝忘食、通宵达旦，饿了在实验台、机床旁吃几口，实在熬不住了就靠在椅背或墙边打个盹儿，一干就要很长时间。尽管条件如此艰辛，他们仍然专注于科研，咬紧牙关，不抱怨，不颓丧。在这种情况下，“自动化奶牛生产线”才得以

① 孙殿义，卢盛魁. 院士成长启示录：上册［M］. 广州：广东科技出版社，2003：318.

② 石岩. 颗粒归仓的梦想：蒋亦元传［M］. 北京：科学出版社，2008：31-42.

呈现在世人面前。地球物理学家马在田回忆说：“从 1957 年夏开始，我一直在科技第一线从事科学技术和教学工作，至今已有 40 个春秋。寒来暑往，从未间断过在科学技术上的探索。尽管大半生都是处在动荡和清贫的环境里，也未间断过学习专业新知识，探索新问题，研究视野逐步从陆上到海洋，从局部问题拓展到全局问题。”① 马在田正是因为抱着对自己所从事事业的那份执着使他忘记了周遭艰苦的环境，全身心投入到对科学的探索中。著名土壤和土地整治专家朱显谟，因年事已高，于 1987 年 4 月退出了领导岗位，但他在上书请免所长职务时说，他将“专心完成前 25 年尚未进行全面总结的有关黄土高原土壤、土壤侵蚀以及土地资源利用等工作，并继续进行近几年来不断开展和今后需要开展的工作，为‘四化’建设竭尽绵力”②。可见他竭尽全力排除干扰，一如既往致力于科研工作的决心。

更有甚者，其中少数科学家在进行科学研究的过程中，身体条件虽然已经非常糟糕，但这也依然阻止不了他们坚守科学的毅力和决心。如我国固体物理学家、教育家、科学院院士谢希德在自己身患癌症时，依然没有放弃在科学事业上不懈奋斗。她想，自己已经患了致命的癌症，时间已所剩不

---

① 卢嘉锡. 院士思维：第 1 卷［M］. 合肥：安徽教育出版社，2003：18.

② 赵继伟，张春娟. 从土壤到黄土朱显谟传［M］. 北京：中国科学技术出版社，2013：118.

多，生命还有什么可怕的苦难不能承受？死并不可怕，不过在入党时立的“要为共产主义事业奋斗终生”誓言还没有实现，自己还不能死。只要心脏还在跳动，就要战斗，就要为党的科学事业奋斗不息……于是，一股强烈的责任感自心底升腾。谢希德默默对自己说：“一定要活下去，争取多活几年。”[①] 可见，谢希德与致命的癌症做斗争，并不是简简单单地为了多活几年或延续生命，而是希望为党和国家的科学事业做更多的贡献，将自己的毕生精力都贡献给科技岗位，使祖国早日繁荣昌盛。1951 年，丁夏畦从武汉大学毕业后来到了正在筹备阶段的全国数学最高研究学府中国科学院数学研究所。来到这样一个学术氛围浓厚的地方，丁夏畦如鱼得水。由于日夜苦读及工作，不久他就染上了肺病，几次住院治疗，直到 1957 年才痊愈。但即使是在住院期间，他的学术研究也从未间断。1955 年，他在吴新谋教授指导下发表了《混合型偏微方程》论文，这是新中国成立以后我国数学工作者发表的第一篇偏微分方程的论文。正是由于丁院士的坚守，为我国数学界的进步和发展打下了坚实的基础，为后来学者们进行相关研究提供了重要的理论来源[②]。著名核物理学家邓稼先在生命的最后几年，仍专心研究新一代核武器。1984 年年

① 王增藩．谢希德［M］．北京：金城出版社，2008：80.

② 罗佩珠．丁夏畦院士生平与成就［M］．武汉：华中师范大学出版社，2016：3.

底，距离邓稼先辞世仅有一年半的时间，他此时身体极度虚弱，按常理来说无论如何也应该好好休息一下了。但是，他却依然在坚持工作[①]。因为他深知，国家对于这次核试验有着重大的期待。微波专家林为干即便是坐在轮椅上也没有放弃他的研究。办公室去不了，他就在家里的饭厅里支起一张小桌子，每天都在这小桌子上做“功课”。他说：“活到什么时候就发表到什么时候，我不能空闲着，经典著作是要经常读的。经常读难懂的题目，有些题目几十年我都没有做出来，我还在读。”“我能干多少就干多少。”[②] 林老用这些朴实的语言表达出了要为科学事业一直坚持到生命最后一刻的信念，要把自己最后一丝力量奉献给科学事业的决心，这是林老坚守于科学事业的真实写照！

可见，不管有多少困境，他们都咬紧牙关克服，一生都坚守在自己的科技岗位上。他们数十年如一日，没日没夜地冲在攻关第一线，从未在艰苦的任务面前说“不”字，他们几乎所有的喜怒哀乐都与其所从事的领域紧密联系相关，他们为我国科学事业的发展奉献自己的毕生的精力，皓首穷经，坚守科学岗位在他们身上体现得淋漓尽致。

---

① 许鹿希，邓志典，邓志平，等. 邓稼先传［M］. 北京：中国青年出版社，2014：143.

② 田永秀，王安平. 做一辈子的研究生林为干传［M］. 北京：中国科学技术出版社，2013：171-172.

2.2.3　大道担当，秉承献身使命

在老科学家的科研工作中，他们为科学事业终生奋斗，将其视为自己存在的价值，抱着对科学全力以赴的信念。也正因如此，他们为科学事业奉献了自己毕生的精力，哪怕为科学事业牺牲自己的生命也在所不辞。这无不彰显出他们对科学事业大无畏的献身精神。

例如，“两弹元勋”钱学森曾说：“如果一个科学家的生命属于科学，就应该把自己的生命过程使用得更有效，更精细，更有韧劲。一个科学家的生命应当说已经不属于自己，他应该属于创建科学的巅峰……”① 钱学森已把自己的生命与科学融为一体，在他的晚年，继续把生命奉献给“创建科学的巅峰”。著名外科专家黎介寿，为了研究如何将肠瘘病人的瘘口补起来，他曾在自己的大腿上划开一个长两寸多的大口子。当殷红的鲜血向外汩汩流出时，黎介寿将事先调好的胶水，一滴滴向刀口处涂抹②。作为医生，他知道如果出现化学反应，会对自己的身体带来怎样的后果。可是，为了实验数据，为了肠瘘患者，他顾不得那么多了。著名历史地理学家侯仁之在1954年对毕业生劝励道：“人生的追求，当不尽在衣食起居，而一个受高等教育的青年，尤不应以个人

① 叶永烈. 钱学森［M］. 上海：上海交通大学出版社，2010：378.

② 陈忠良，吴善新. 黎介寿传［M］. 北京：人民出版社，2014：86.

的丰衣足食为满足。他应当抓住一件足以安身立命的工作，这件工作就是他的事业，就是他生活的重心。为这件工作，他可以忍饥，可以耐寒，可以吃苦，可以受折磨；而忍饥耐寒吃苦和受折磨的结果，却越发的使他觉得自己工作之可贵，可爱，可以寄托生命，这就是所谓的‘献身’……”① 丰衣足食固然令人向往，但对地理的爱好、对事业的向往却可以使侯仁之忘记苦难，献身科学。侯仁之是这么说的，同时也是这么做的。他这种对科学事业献身的价值追求在“侯门弟子”中薪火相传。同样，核物理学家邓稼先在接到调动工作通知后对妻子许鹿希坚定而自信地说道：“我的生命就献给未来的工作了，做好了这件事，我这一生就过得很有意义，就是为它死也值得。”② 邓稼先最终将自己的生命奉献给了祖国的核事业。中国工程院院士王忠诚由于工作需要，长时间暴露在 X 射线照射下，最终不幸患病，血球蛋白下降至不足四千，比正常人少一半，并很快出现脱发、牙龈出血、两肺发炎、体温升高等症状。但他依然没有放弃工作、放弃科研，他一心只想早日降低脑肿瘤切除术死亡率，因此我们可以看到，在其后的 40 年间，这些症状像魔鬼一样紧紧附着在王忠诚身上，无论采取怎样的医疗措施都没有将其彻底清除，高

① 高明勇. 侯仁之传［M］. 南京：江苏人民出版社，2011：101.

② 许鹿希，邓志典，邓志平，等. 邓稼先传［M］. 北京：中国青年出版社，2014：57.

烧时间最长的一次持续两个月之久。他前后七次患上肺炎，其中最严重的一次是合并双侧胸膜炎，产生的胸水压迫肺泡造成呼吸困难，被紧急送进原北京军区总医院抢救。原北京军区总医院内科专家再三叮嘱他："出院以后不要急于工作，要好好疗养一段段时间。"他却在出院不久，就全副精力投向下一个研究对象——降低脑肿瘤切除术死亡率①。翁心植在谈到人生的最后一个目标时说道："我们做过三次全国性的重大调查。第三次是在去年进行的，发现年轻人的吸烟率已有下降的趋势。所以，我们的控烟运动没有白费劲。但也应该承认，我把这个问题看得太简单了。事实上，戒烟不是单纯医生的责任，不仅仅是公共卫生的问题，还是一个根深蒂固的习惯问题。要移风易俗、改变人的习惯，没有长时间持续不懈的努力是不可能的。还有更重大的经济问题，国家靠烟草来维持税收收入。去年全国纳税百强企业中，烟草业企业竟占了 34 家，可以想见它在国家税收中的重要地位举足轻重。如果一下子不让它生产了，国家、社会都将受到严重影响，还有很多人要失业，所以要慢慢来。我想，还得几十年的时间，才能够把烟害坚决彻底地控制住。但我老是讲，人类不会被烟草所消灭，相反，最终烟草必定被我们所控制，让它造福于人类，而不是贻害无穷。我有坚定不移的信心。

① 杨家杰. 病人永远是我的老师：王忠诚院士传［M］. 北京：作家出版社，2016：78.

为此，我愿意付出余生的全部精力……”①

可见，老科学家把科学看得比自己的生命更重要，他们一直秉承着献身科学的理念，为了解决科研难题，他们甘愿付出自己的生命。

2.3 老科学家与社会的关系——无私奉献，淡泊名利

人只有献身于社会，才能找到那些实际上短暂而有风险的生命意义，正如莎士比亚曾说：“上天生下我们，是要我们当火炬，不是照亮自己，而是普照世界。”郭沫若先生也曾说过：科学院是服务行业。做好服务就要有风险精神，先风险后索取；索取只能是按照自然规律，向大自然索取；为人民大众索取更多的自然财富，开展形成生产力、开发生产力、发展经济、改善人民生活的科学研究。而从老一辈科学家的成长历程我们可以看出，他们刻苦钻研、坚韧不拔、顽强拼搏、无私奉献，他们无时无刻不在关注社会的发展，关心祖国的未来，始终如一地燃烧自己，照亮别人，他们尽心地做好自己的工作，即使遭到批判、受到委屈，也从未放下肩上

① 戴光中．中国工程院院士传记：翁心植传［M］．宁波：宁波出版社，2017：286-287.

对祖国和人民的责任。他们不仅自己献身于科技一线，创造丰富的科研成果，还不断地培养人才，在科技、教育、政治等领域都能看到他们培养的杰出人才，可谓桃李芬芳，他们不断把青年学生引向事业成功的巅峰，他们身上闪耀着强烈的社会责任感和奉献精神的光辉。哪怕已到耄耋之年，依然朝气蓬勃，壮心不已，从不考虑安享晚年，继续为祖国的科学和教育事业贡献他们的力量。他们选择了牺牲和奉献，在一生中，他们诠释着奉献，体验着崇高，收获着快乐，造福祖国和人民。他们认为这样的人生才是有意义的，将知识奉献给祖国和人民是他们一生的心愿和追求。

正如我国工程院院士、航天自动控制专家梁晋才的人生格言一样：一个人的价值，应当看他贡献了什么，而不是看他取得了什么。正因为这样，梁晋才一生初衷不改，信念不变，奉献不断①。再如杰出核物理学家王承书在她的遗书中这样写道："我的存款、国库券及现金等，除了留给未婚的大姐王承诗 8 000 元补贴生活费用外，零存整取地作为我最后一次党费，其余的全部捐给希望工程。"② 这不仅仅是一份遗书，更是一位共产党员把一切献给党的誓言。看着她交的最后一次党费，共 7 222.88 元，许多人都流下了眼泪。一个科

---

① 张慧燕. 梁晋才院士传记［M］. 北京：中国宇航出版社，2015：302.

② 席学武. 永恒的人生：王承书传［M］. 北京：中国原子能出版社，2015：180.

学家，把一生都献给了党和人民。著名焊接专家关桥曾在笔记本上写下自己的心声：为祖国的强盛奉献自己的全部光和热，是我坚定不移的选择和义不容辞的责任①。物理学家王阳元回忆说："我出生在一个贫苦的家庭，是靠人民助学金上完中学和大学的，是人民培养了我，是母校浙江宁波中学和北京大学培养了我，将知识奉献给祖国和人民是我一生的心愿和追求。"②

他们把自己的一生融入工作中，融入服务于广大民众中，他们无私奉献，不求回报，一心只考虑怎样才能更好地做好服务。例如，北京朝阳医院宣告翁老逝世的消息时提道："翁心植院士毕生致力于发展我国的医学事业，做出了不可磨灭的贡献。他的一生，是奉献于国家和民族的一生，是努力推动医学发展的一生，是倾心服务广大患者的一生，是悉心培育医学人才的一生。他大道至简，大医至爱……"③ 我国当代著名临床医学家、医学教育家、医学科学和社会活动家吴阶平，1988 年在《谈医生的成长》一文中，总结了他对临床医学的认识。他谈道："临床工作直接为人民服务。健康和生命是最宝贵的，医生的责任重大，不允许因疏忽大意造成伤

---

① 姚远，刘凡君. 关桥传［M］. 北京：航空工业出版社，2014：332.

② 孙殿义，卢盛魁. 院士成长启示录：下册［M］. 广州：广东科技出版社，2003：241.

③ 戴光中. 中国工程院院士传记：翁心植传［M］. 宁波：宁波出版社，2017：227-228.

害。医生必须懂得我们的服务对象不仅是生物学上的人，更重要的是社会学上的人。只有怀着满腔热情来接待我们的服务对象，来进行诊疗工作，才能体会他们的病痛或问题所在，才能使诊疗手段发挥最好的效力。医生的一言一行都可能影响诊疗效果，甚至造成不必要的负担，在临床工作中医源性问题是不少的。一个医生若不考虑人的社会性特点，则完全可能在良好的愿望下得到相反的效果。从来没有两个同样的病人。病本身难以完全相同，更重要的是人不同，对人的理解、认识是需要终生学习的，这也是成长的一个重要标志。"① 由此足以看出，吴老将为人民服务作为自己从医工作的重要使命，不断总结经验，默默付出，为的是更好地服务好广大人民。哪怕是冒着生命危险，他也从来没有犹豫过。著名外科专家黎介寿也认为："作为一名医生，把自己的生命融入工作、融入奉献、融入为患者服务之中，这样的人生才是最有意义的。"②

与此同时，他们对自己要求非常严格，省吃俭用，从不铺张浪费，但对国家、对科技的发展去从不计较。如中国工程院院士、航天自动控制专家梁晋才，在研究生留学苏联时期，国家按照每月 70 卢布的标准发放生活费，当时中国并不富裕，给每位留学生的钱其实并不多，只能保障最基本的生

① 董炳琨. 一个好医生的成长：吴阶平生平［M］. 北京：2010：37-38.
② 陈忠良，吴善新. 黎介寿传［M］. 北京：人民出版社，2014：194.

活需求，但梁晋才省吃俭用，一个月还能省下20卢布。考虑到国家建设的需要，他毫不犹豫地把自己结余的钱都捐了出去。在他看来，这本来是就是国家的钱，能让国家把钱派上用场，总比自己消费来得有意义。他从没有想过为自己或家人添置什么或者购买什么苏联的特产，回国时除了一箱箱书，几乎没有什么行李，也未能给心爱的妻子和女儿买件值得留念的物品①。同样，著名金属物理学家、中国科学院院士葛庭燧在国外也是如此严格地要求自己，舍不得多花一分钱，但对国内科研上急需进口的仪器部件，他却毫不吝啬地慷慨资助。他知道沈阳市技术协会开展技术协作活动需要计算设备，便用自己节约下来的生活费，买了一台电子计算器，赠给技术协会。他多次出国，从没有给自己带回一件高档消费品。葛庭燧掌握着上百万的科研经费，但从不乱开支。葛庭燧具有强烈的“为国分忧，为民解难”的愿望，在安徽遭受特大洪灾时先后四次捐款②。

此外，他们对自己的名与利从不在乎，只要对科学事业发展有利，对国家有利，哪怕牺牲自己的名与利也毫不犹豫。例如，理论电工和电子工程专家俞大光，在1962年仲春时节进入九所时，对核武器的了解基本上是一片空白，称得上是

① 张慧燕. 梁晋才院士传记［M］. 北京：中国宇航出版社，2015：79.

② 刘深. 中国科学院院士传记：葛庭燧传［M］. 北京：科学出版社，2010：195.

一个标准的门外汉。然而，经过短短数年时间的努力，他就成了一个无可争议的核武器引爆控制系统专家，为我国核武器的发展做出了不可磨灭的贡献。但在谈到这一切的时候，俞大光总是以极其谦逊的态度，将成就归功于集体的努力。他认为自己在核武器型号研制上取得的那些成就，并非全是个人的功劳，而是与他多年来形成的设计思路有密切联系。这个思路就是充分依靠群体智慧，善于集中合理意见并加以综合做出决策，用于指导设计工作。不仅如此，俞大光总是对自己要求十分严格，从来不搞特殊化，在担任副院长、实验队临时党委书记时，他一直同实验队的人员一起在食堂就餐，吃同样的饭菜；参加集体活动时，跟大家一起乘坐大巴车；去礼堂看电影时，也从不计较位置好坏①。俞大光如痴如醉地献身科学事业，可是对金钱、名利却看得很淡。他为人正直、待人以诚，是位谦逊的科学家，处处身先士卒，为人师表，非常受人敬重。中国著名物理学家教育家贝时璋曾说："我的一生，心平气和，与世无争，少享受，多奉献；把母亲勤劳节俭、为人宽容厚道的教导，作为自己的座右铭，坚定意志，排除一切困难，继续奋斗终生，希望21世纪成为世界和平、人类幸福的世纪。"可见，贝老为国家做贡献，为人民谋福利，无私奉献着自己的一生。工程院院士王忠诚

① 田兆运. 俞大光传［M］. 北京：航空工业出版社，2015：201，197.

之所以能在10年后当选为中国工程院院士，在14年后获得“国家最高科学技术奖”，也正是因为他做人做事习惯于如履薄冰、如临深渊，临危不惧，在个人名利与病人的需求两者间，大胆地做出了一名临床医生的正确的人生选择，将个人得失完全置之度外，一心一意为临床需要做贡献。而这样的选择给他带来的并不是包含着自豪的快感，而是伴随着痛苦的寂寞。但他毫不在乎，一时间他成了没有人理解的孤家寡人。一天，他尝试着向相交了几十年的老朋友透露秘密，话刚到一半，就遭到坚决反对。“绝对不行!”老朋友极力阻止他“拿个人名誉冒险”，苦口婆心地对他说：“您是全国最著名的神经外科专家，已经功名成就，一旦失败，别人会怎么看您。您希望看到自己身败名裂吗?”他认为言之有理，但没有采纳“忠言”①。可见哪怕是推翻国际公认的结论，哪怕损害自己的荣誉和利益，王忠诚仍然不在乎，在自己名与利面前，他永远考虑是患者，是问题的解决。只关注病人，不言及自己，是对王老的真实写照。

可见，在老一辈科学家眼中，自我是小，社会是大；家庭是小，国家是大。他们不辞劳苦，不计名利，艰苦奋斗，勇于超越，默默耕耘，忍辱负重，呕心沥血，矢志不渝，忘我地为我国科学事业的发展做出卓越的贡献。这种牺牲小我，

---

① 杨家杰. 病人永远是我的老师：王忠诚院士传［M］. 北京：作家出版社，2016：86.

实现大我，只讲付出，不求回报，为社会奉献，是老科学家一生追求和奋斗的目标，这种无私奉献，淡泊名利载入史册，铭刻在我们的心中。

2.3.1 为事业，舍小我

在我国老一辈科学家中，他们几乎将自己的一生都献给了我国的科学事业，为了科学事业的发展，始终坚持“舍小家为大家”无私奉献的价值追求。其中有的科学家为完成紧急的科技使命不得不牺牲与家人的团聚的机会，甚至为此有的科学家没能见上自己亲人的最后一面，他们曾为此而懊恼、伤心，为自己没得尽到自己该尽的职责而羞愧不已。而这一切都是他们为我国科学事业所倾注的心血，这种无私奉献的价值选择，可歌可泣。

他们几乎都毫无例外地将自己的一生献给了我国的科学事业，工作到生命最后一刻，奉献到生命最后一刻的豪言壮语在科学家身上却并不罕见，有的甚至已经不在其位了，依然奉献着自己的一生。例如，著名数学家华罗庚第二次心肌梗死发病，他仍然在医院里坚持工作。他指出：“我的哲学不是生命尽量延长，而是尽量多做工作。”他一生始终如一地坚持着自强不息、拼搏奋进的人生态度。1985 年 6 月 12 日，华罗庚应邀到日本东京大学做学术报告，他先用中文后改用英语演讲。日本学者被他精彩的演说深深吸引，原定 45 分钟的报告在经久不息的掌声中被延长到一个多小时。当他满头大汗结束讲话时，突然心脏病发作倒在讲台上。他用行动实践了自己的诺言：“最大的希望就是工作到生命的最后一刻。”[①] 工作到生命最后一刻，多么震撼人的语言，而这却真真实实地发生在华老等老一辈科学家身上。我国著名神经生理学家张香桐在卸下所长重担后，每天仍坚持到所里工作。他坐在办公室里，除继续思考一些科研问题外，仍然在注意加强与国际神经科学界的联系，不断地利用他的国际影响，为拓展脑研究所与国际科学界的交往，为培养更多能走向世界的科研人才创造条件[②]。可以看出，张香桐即便是已经不在其职位，可以享受自己的晚年生活了，但他依然为科学事业的发展贡献自己的力量，继续在神经科学领域发光发热。再如 1959 年 6 月，苏联政府终止了原有协议，并于次年撤走全部专家。中共中央下决心自己动手，研发出原子弹、氢弹和人造卫星。周恩来总理代表党中央及时向第二机械工程部领导传达了“自力更生发展核武器”的决策精神。为了不让人们忘记，“596 工程”就成了中国第一颗原子弹工程的代号。当时邓稼先向他的同事们说了这样的话：“研制核武器是中国人民的利益所在，国外对我们进行封锁，专家们也撤走了，现在只有靠我们自己了。我们要甘愿当一辈子无名英雄，

---

① 晓亮. 从清华走出的科学家［M］. 北京：中国三峡出版社，2010：86.

② 张维. 张香桐传［M］. 上海：上海科技教育出版社，2003：344.

还要吃苦担风险。但是……我们为这个事业献身是值得的。”[①] 可见，随时准备献身事业是邓老及团队工作人员的一致选择。

他们“舍小家，为大家”，在“公”与“私”面前，他们永远是选择愧公胜私的大公精神。如冰川之父施雅风，在面临选择回京工作（妻儿都在北京，工作关系也在北京）还是留在冰川积雪冻土研究所时，深知一旦决定留下来，所面临的问题和困难都是可以预见的，例如：如何维持初具模型的新机构，如何保护已经取得的冰川考察研究成果，如何稳定人心，如何唤回他们已经渐行渐远的事业心，如何将中国冰川研究深入下去，如何开展积雪、冻土等新的研究，等等；如何说服家人，如何缓解夫妻分居两地的相思之苦和解决生活上的不便，如何弥补无法生活在身边的女儿而缺失的父爱，等等。说到底，选择“去”和“留”对于施雅风来说就是“公”和“私”的问题。按照他的说法最后还是“‘公’战胜了‘私’”。他说：“我坚信当时国家的困难时暂时的，我们伟大的中国共产党一定会领导全国人民克服困难，走向光明。我决心勇敢迎接工作和生活中的艰难困苦，摒弃从‘私’字出发的自我打算，尽我一切力量，保护新中国冰川事业的萌芽，等待国家经济形势好转。”[②] 著名核物理学家王承书身负

① 晓亮. 从清华走出的科学家［M］. 北京：中国三峡出版社，2010：94.
② 李伶伶. 施雅风传［M］. 南京：江苏人民出版社，2013：102.

重任，可家里对她的工作不甚了解，只知道她忙得不可开交，常年住单身宿舍，吃大食堂，一星期忙得电话也很少往家里打，就连星期六回家，也是抱了一包材料，一头扎进去做研究就是一整天。难怪儿子抱怨："妈妈好像不是这个家的人。家里什么事也不管。"① 作为一项重大工程的总设计师，她没有时间和精力放在儿子身上，一种强烈的事业心和责任感在她心底升腾，一心一意扑在事业上，这可谓是一种真正的公而忘私。

不乏科学家为了科学事业，在家人需要他们的时候，也不能留在身边陪伴、照顾。例如，固体物理学家谢希德，在其儿子刚出生五个月，就离开儿子赴京工作，谢希德又何尝不心疼自己的亲骨肉？何尝不懂得襁褓中的婴儿更需要母亲的照料？然而，她听从祖国的召唤，更懂得祖国的事业高于个人的一切②。同样，我国飞机设计专家石屏，他似乎有干不完的活、办不完的事。在工作上，他背负着攻关任务，他必须时刻集中精力，为此他难以同时照顾自己家庭和工作。一次，妻子生病了需要手术，而石屏在爱人做完手术后的第二天，当中航技有人找他时，他就又返回了航空部③。每当家庭与工作冲突时，他都毫不犹豫，一次又一次地将天平的

① 席学武. 永恒的人生［M］. 北京：中国原子能出版社，2015：106.

② 王增藩. 谢希德传［M］. 北京：金城出版社，2008：63.

③ 许珊，雷杰佳. 石屏传［M］. 北京：航空工业出版社，2014：185.

砝码放到了工作任务的一端。有的老科学家甚至没有见到自己亲人的最后一面，留下了一辈子遗憾。我国农业工程专家蒋亦元，在1955年家中老母亲病危时，考虑到学校当时专业课教师少、教学任务重，就没有请假，直到母亲离世，都没能回去见老人家最后一面。1975年，蒋亦元正在做“悬挂式单面取土筑埂机”鉴定工作，肺癌晚期的父亲也同样没能够盼到儿子的归来就遗憾地走了。1999年2月26日，就在罗佩珍（蒋亦元妻子）为丈夫准备奋斗了九年的科研成果鉴定会做会前准备之时，突感心脏不适，回家后还没来得及服药就猝然离去。待蒋亦元回家，罗佩珍竟连一句话都没有留下。蒋亦元在很长一段时间都悲痛难抑，神情恍惚①……每每想到这些，蒋亦元内心都会隐隐作痛，不是他不珍惜可贵的亲情，不是他不懂得尽孝的道理，而是他对自己深爱的事业太投入、太投入！蒋亦元心中想着国家，想着科研教学，想着他人，却唯独没有想着自己，想着家人，也因为没有很好地照顾家庭，让蒋亦元感到愧疚不已。

在他们心中，亏欠自己的父母、妻子、儿女太多太多，不是他们不懂得珍惜亲情的可贵，不懂得尽孝的道理，而是他们自己身上所承担的责任和肩负的使命，使得他们公而忘私，义无反顾选择“牺牲小我，成就大我”，选择无私奉献。

① 石岩. 颗粒归仓的梦想：蒋亦元传［M］. 北京：科学出版社，2008：125，87.

2.3.2 淡泊名利

老子说："人之道，为而不争"，这种不争名、争利、争功、争位、争权的淡泊名利的作风是做人的崇高境界。而在老一辈科学家中，他们有着时代烙下的深深的印记，很少会考虑个人的利益，他们总能把国家的需要、组织的要求、集体的利益放在更高的位置，坚决服从组织的安排，高薪、显赫社会地位等并不是他们难以拥有，而是他们都把个人的名利、荣誉看得很轻，他们从不爱慕虚荣，为人非常谦虚；他们总把所取得的成功归于党和人民，归功于集体，在荣誉面前淡若浮云；在他们心中，没有名与利，没有躁动与喧嚣，没有追逐与攫取，有的只是对国家的强烈的热爱，对科学的狂热追求，他们心怀坦荡，对知识毫不保留，面对各种物质利益享受淡然处之，从不搞特殊，在面对被人的称赞总是谦虚回应。考虑到国家建设的需要，他们省吃俭用，哪怕在本不富裕的情况下，也总把保证基本生活以外的余钱捐给国家。他们严于律己，从不争名争利，也从不为名利所诱惑，平平淡淡总是真，在他们看来，他们所做的一切都是一个爱党爱国的中国人民应该做的，他们做了"情为民所系，利为民所谋，权为民所用"的服务。

他们从不计名利，很多时候不愿意去争名、争荣誉，哪怕是获得了相应的荣誉时也总把荣誉归功于集体，归功于团队，面对党和国家对他们的培养，他们努力报答。例如，陶诗言的学生丁一汇院士在评价他时，十分佩服地说：“陶先生一向淡泊名利，不争荣誉。比如《中国之暴雨》获得中科院自然科学奖一等奖后，陶先生一直拦着不让申报国家奖。在他的坚持下，直到今天，《中国之暴雨》都没有申报国家奖……记得他亲口告诉我‘我都不要了，都是你们年轻人做的，应该把你们放在前面’，今天回想起来，我仍十分感动……”① 面对荣誉和名利，陶先生淡然处之。著名数学家陈建功，纵观他的一生，除了在1943年发表的《傅氏级数之蔡查罗绝对可和性论》论文被选拔参加评审，获得国家学术奖励基金自然科学类一等奖后，没有再去参评任何奖项②。这当然不是他没有能参选的论文和成果，而是他对一切名利和荣誉看得很淡，坚决不肯申请。著名化学工程学家侯祥麟在得知中国工程院、中国科学院、中国石油、中国石化做出了《关于向侯祥麟同志学习的决定》时，他马上打电话给中国工程院领导，恳请他们不要宣传他。他说：“作为共产党员、科技人员，我只是做了自己应该做的事情，我只是做了一个平凡的人，还是不要宣传我了。”③ 在侯祥麟看来，只是一个平凡的人做了平凡的事，名与利并不是自己从事科研的

① 李娟娟．陶诗言传［M］．南京：江苏人民出版社，2013：185.

② 骆祖英．一代宗师：钝叟陈建功［M］．北京：科学出版社，2007：152.

③ 侯祥麟．我与石油有缘：侯祥麟［M］．北京：石油工业出版社，2012：244.

初衷。同样，著名地质学家陈国达曾多次获得优秀成果奖、自然科学奖，但他把这些成绩的取得，归功于广大地质工作者集体智慧的结晶，把党和人民赋予的荣誉当作自己挥戈“新长征”的起点，并且在第一笔奖金下发时，自己分文不取①。“跟许多大科学家相比，我并没有做出多么突出的贡献，也没有轰轰烈烈的事迹，只不过在自己的专业领域内，还算是努力用功的。”② 已是我国著名军事兽医学家、中国工程院院士的夏咸柱，在说起自己的成就时总是这么的轻描淡写。玉米遗传育种专家荣廷昭谈道：“在生活中，我常怀感恩之心。经历过困难的人更懂得努力付出和珍惜。我经历过因战火炸毁学校而无处上学的流离，更体会过自己无钱上学而党资助学费甚至发放补助的温暖。曲折而顺利的求学经历，使我对党的恩情始终铭记于心，我自己取得的成就是老师们培养的结果，是单位帮助和支持的结果，是党和国家培养的结果。对于这些荣誉，我只有通过努力来报答。我将怀着对祖国，对事业和对农村农业农民的热爱，继续奋斗在科研一线。”③ 我国农业机械化专家蒋亦元，在获得一项又一项科研成果后，在各种奖励、荣誉面前，他想得最多的就是那些与

① 龙淑贞. 陈国达传［M］. 长沙：中南大学出版社，2007：88.

② 江东洲. 与院士面对面：“孔雀西南飞”人才战略研究课题组院士专家访谈录［M］. 南宁：广东人民出版社，2017：194.

③ 江东洲. 与院士面对面：“孔雀西南飞”人才战略研究课题组院士专家访谈录［M］. 南宁：广东人民出版社，2017：296.

自己朝夕相处合作愉快的同伴，那些几十年如一日默默耕耘的战友：“在我一生中取得的众多成绩中，没有一次不是在众多助手们的帮助下取得的。这其中，和我一起最久的合作已长达半个世纪，短的也是十年有余，跟他们共事的每一个细节和情景都是我记忆中的宝藏。我始终坚信自己的成功是众多助手全力支持、共同攻关的结果。很多时候，我不善于表达自己的感情，其实我已在心里无数次感谢他们——我的助手们！”① 如著名外科专家黎介寿，他一生中先后发表过600多篇学术论文，而经过他修改后发表的学术论文高达2 000篇，但我们发现许多出自他手的论文，经常见不到“黎介寿”三个字。他提倡谁执笔的论文或谁主研的科研课题，谁的署名就排在第一。当学生们在他的指导下取得了成果，要给他挂名时，他婉言拒绝：“我重视的是对患者有利的结果，至于荣誉是谁的，我并不关注。课题是你们的，我没有权利挂名。”② 再如机械动力学和工程机械专家、力学教育家闻邦椿在与外单位合作时，出了成果，可对方在申报设计者时，把他的名字抹掉了，系里的同志气愤了：“不行，告他们去。”“算啦，算啦。”闻邦椿坦然地说：“有和他们打官司的时间，我们又搞出几项新科研成果啦。只要是为‘四化’做贡献，

---

① 石岩. 颗粒归仓的梦想：蒋亦元传［M］. 北京：科学出版社，2008：104.

② 陈忠良，吴善新，高铭华. 黎介寿传［M］. 北京：人民出版社，2014：157.

有名没名都没关系。”还有一次，一个协作单位领导问他：“应用你们的成果，是怎么计算报酬的?”闻邦椿回答说：“我们很少考虑这个问题，只要别人用好了就行，钱多钱少无所谓，拿不出钱来就不要。”① 此外，在“5·5”劫机事件发生后，党和政府对闻邦椿予以了高度的评价，赞扬他顽强的斗争精神，维护了祖国的尊严和荣誉，一时间闻邦椿的名字家喻户晓，受到全国人民的关注，他却说自己的表现是每一个热爱祖国的公民都能做到的。可见，闻邦椿把名利看得很淡，只要对国家发展有所帮助就从来都不计较名与利。在面对党和人民的表彰时，他谦虚有加。我国两院院士陆元九一生都非常谦虚，调入航天系统以后，他做了不少工作，报奖时大家想将他的名字报上去，可他一直不同意，他认为这奖应该是集体的，自己没做多少工作，所以，回国后他没得过什么国家奖②。可见陆元九兢兢业业、默默付出、废寝忘食地工作为的不是名和利，而是希望中国航天事业能够得到发展，以及可以为航天事业的进步贡献自己的智慧和汗水。张蔚榛在谈到自己一生的荣誉和成就时，他几次纠正记者：“谈不上成功，只是有了一点小成绩。”他总说：“自己只是做了一些修修补补的具体工作，而那些长期在野外搞实践的

---

① 王宝霞，王爱光，喻春明. 成功者的足迹：记中国科学院院士闻邦椿[M]. 北京：新华出版社，2010：61-62.

② 刘茂胜. 陆元九传[M]. 北京：科学出版社，2015：180.

中青年学者，他们付出得更多，更应该得到奖励。”可见，在科研道路上，张蔚榛从不把成就据为己有，总是以极其谦虚的态度对待党和人民给予他的荣誉，他认为：“一个人自身的能力是有限的，要取得成果必须借助前人的努力，他人的劳动。把知识和资料据为己有，只能阻碍科学的发展，于国于民不利。”有一次，有位老师按照张蔚榛的思路和意见，写了一篇文章，最后又经过他大量的修改，在将要发表论文时，这位老师几次提出希望署上他的名字，他始终不同意。他的学生发表论文时，他也从来不让署他的名字。而对于资料分享，他没有留一手的想法，总是把自己的东西毫无保留地提供给别人[①]。著名物理学家、教学学家贝时璋在浙江大学20年，指导了许多学生和合作者的研究工作，为了激励后继学者，在那些发表论文上，他往往不署名字。其实那些研究工作是遵循了他的思想和他提出的方法，甚至是他手把手教、共同完成的。如果贝时璋和学生或助手一起署名，尽管他是主要作者，他也总是把自己的名字放在最后。在贝时璋百岁诞辰前夕，生物物理研究所要为他建立铜像，他婉言谢绝了[②]。中国蔬菜遗传育种专家、中国工程院院士方智远在谈到自己在甘蓝育种领域的成就时讲到：“党和人民给予我太

① 杨欣欣，陈丽霞. 名师风范走进院士与资深教授［M］. 武汉：武汉大学出版社，2017：162.

② 王谷岩. 贝时璋传［M］. 北京：科学出版社，2010：64，300.

多了。这些成绩的获得是集体努力的结果，个人只不过是集体的一分子。虽然自己在研究中心做了大量的工作并发挥了重要的作用，而自己认为作为科研小组的带头人，这些都是应该做的。我深沉地爱着我伟大的祖国，爱着我一生追求的事业。我将在有生之年，为我国农业科研事业的发展，为国家的繁荣昌盛更加勤奋地学习，更加努力地工作。”① 在科研的道路上不懈付出，把成绩毫无保留地归功于集体，淡泊名与利，服务国家，服务人民，是像陶师言、王选、陈国达、黎介寿、闻邦椿这样的老科学家毕生的坚持。更有老科学家哪怕默默付出从不为人知晓也毫无怨言，为祖国的科学事业奉献着自己的一生。例如，1964 年 10 月 16 日，中国第 15 个国庆节后的半个月，刚刚平静的中华大地又沸腾起来了——中国第一颗原子弹成功爆炸了！饱受帝国主义欺凌一百多年的中国，终于有了自己的原子弹，中国人民怎能不欢欣鼓舞呢？杰出核物理学家王承书在这举国欢庆的日子里也难掩心中激动的心情，泪流满面，而这举国欢庆的背后，她付出了极大的牺牲，做出了卓越贡献，是不折不扣的功臣，她却不能上台领奖，各类报刊喜讯中也没提到她的名字。但她还是心甘情愿继续隐匿自己的姓名，继续为祖国核武器研制工作

① 江东洲. 与院士面对面：“孔雀西南飞”人才战略研究课题组院士专家访谈录［M］. 南宁：广东人民出版社，2017：45.

默默奉献[①]。她为祖国隐姓埋名 30 年，直到逝世前，人们才在报纸上读到她的业绩，才知道她的名字。

此外，他们从不在乎物质享受，从不搞特殊。还有不少科学家，他们本可以受到特殊照顾，可他们从不在意这些，从不贪图物质享受。如著名金属物理学家葛庭燧，从不讲究排场，不大吃大喝。中国科学院合肥分院在合肥市内为葛庭燧夫妇安排了一套住房，被葛庭燧婉言谢绝了，夫妇二人坚持住在岛上[②]。我国农业机械化专家蒋亦元不仅淡泊荣誉，而且淡泊物质利益与享受。几十年来，他始终坚持到依兰收获机厂和香兰农场等生产第一线开展科研工作。那里的房屋已经年久失修，夏季屋顶漏雨，冬季寒风入侵。面对如此简陋的办公环境和艰难的生活条件，他似乎一点也不在意[③]。同样，航空制造工程焊接专家、中国工程院院士关桥，当记者问道："像您这样的技术权威，为什么一定要在内地工作？若在香港，每月至少可拿到三四万港币。"关桥淡然一笑："每个人都有自己的追求，高水平的物质享受不是我的追求，我的事业在大陆，那里有我的集体，有我开创自己事业的良好环境，我绝不为追逐金钱而寄人篱下。"1956 年，由于体

---

① 席学武. 永恒的人生：王承书传［M］. 北京：中国原子能出版社，2015：3.

② 刘深. 葛庭燧传［M］北京：科学出版社，2010：173.

③ 石岩. 颗粒归仓的梦想：蒋亦元传［M］. 北京：科学出版社，2008：128.

制变动，625 所科技人员集体转业，定级时，领导决定将唯一的一个高工资名额给关桥，但关桥毫不犹豫地将名额让给了其他同志[①]。可见，关桥把名利置之度外，从不搞特殊，毫无保留地奉献自己[②]。著名医学家、内科学与呼吸病学家、医学教育家翁心植 1979 年在听说吴英恺（中国胸心外科创始人之一）陷入“待业”困境时，从国家和社会的角度出发，觉得实在太可惜了，于是翁心植主动向北京市卫生局提出，希望请吴英恺来朝阳医院工作，自己心甘情愿做他的副手。15 年后，吴英恺回忆说：“大约 15 年前，我离开工作岗位，找不到事情做……他没有怕我夺了他的宝座，也没有怕我掩了他的光辉，尽他所能提供条件，实验室随便用，连自己的办公桌也让出来了。”[③] 著名固体物理学家谢希德因身患重病，人们都劝她少承担点工作，多注意休息，可她总说：“一个人要多为国家做贡献，少考虑个人得失。”[④] 多么质朴的语言，这是她本人从自己走过的坎坷道路中得出的信条，并一直以此去工作生活。而作为著名科学家及复旦大学校长，她每天上下班应该都有轿车接送，可是，在校车上，人们时常看到谢希德的身影。有人问她乘坐复旦大学“巨龙”班车有

① 姚远，刘凡君. 关桥传［M］. 北京：航空工业出版社，2014：333-334.

② 刘茂胜. 陆元九传［M］. 北京：科学出版社，2015：180.

③ 戴光中. 中国工程院院士传记：翁心植传［M］. 宁波：宁波出版社，2017：227-228.

④ 王增藩. 谢希德传［M］. 北京：金城出版社，2008：97.

何感想，她说：“我觉得这是一件非常愉快的事，在车上既可以提前处理一些公事，又可以借这个机会与同志们交谈，静听各种议论。从校内的事到天下的事都可以成为车内的话题，其中有牢骚，也有高见；特别有意思的是，车内总有一两位不愿意隐瞒自己观点，也不善于窃窃私语的同志不时发表一通高见，而获得一些同事的共鸣。”有的外宾见到谢希德校长时，都惊讶地说：“看不出她是一位有如此重要地位的人物。”① 是的，她很平凡，但在平凡中闪烁着她那耀眼的一面，从不问自己获得了什么，只管不断地在自己的工作与生活中去奉献自己。可见，在我国老一辈科学家身上，无不体现出淡泊名利的崇高价值取向，他们不光为科学事业的发展做出了卓越的贡献，还为我们树立了做人的崇高典范。

2.3.3 甘为人梯，提携后人

我国老一辈科学家群体，他们不仅是中国近代科学的奠基人、新中国主要学科的开拓者、科技领域的领军人物，为我国科技发展做出了历史性的贡献，他们同时还是优秀的教育家，他们深知单靠单个人或少数人奋斗在科研一线是不够的，因此老一辈科学家甘当绿叶护红花，将学生推向前台，培养人才，具有甘为人梯，奖掖后人无私奉献的价值观取向。

---

① 王增藩. 谢希德传［M］. 北京：金城出版社，2008：136.

他们带领年轻人刻苦学习理论，踏踏实实地依靠自己的力量掌握尖端科学技术。他们自己读书、备课，为年轻人讲课，帮助他们选择学习资料，确定研究方向，提供考试资料，亲自编写教材，教授课程，其中有不少科学家，虽然年过花甲，却没有丝毫松懈之意，从没想过从教学第一线退下来，仍以饱满的热情和旺盛的精力为新中国教育事业的发展及我国人才的培养奉献出自己宝贵的心血，他们几近年迈依然心系耕耘多年的教育事业，依旧孜孜不倦地忙碌着。他们保持诲人不倦的大师风范，倾心育人，努力培养一大批德才兼备的人才，为我国国防和科技建设提供有力的人才支撑。他们惜才如金，爱生如子，将自己的知识毫无保留地传授给自己的学生，不断地为后生的成长给予指导并创造条件。他们言传身教，如春风化雨，不断浸润着广大学子为人为学的精神家园，不断引导年轻学子积极投身到祖国现代化建设之中。他们关心学生胜过关心自己，将他们本人所学、所思、所得毫无保留地奉献给年轻学子，甘当他们科学事业的过桥板、铺路石，同时为他们的成长感到高兴，感到自豪，是教育界的楷模，而他们的学生也大多在重要的行业和领域独当一面，可谓桃李满天下。不少老科学家将自己多年积累科技实践经验，系统地进行编辑整理，编写出内容丰富的科技丛书。使得科研经验经过提炼上升为理论，以指导今后的工作，让后来的年轻人少走弯路。师者，人类灵魂的工程师，老科学家们倾心育人，言传身教，正是对此最好的诠释。

他们时刻不忘培养人才，从日常生活到学习成长，他们都倾注了大量的心血，而这只是为了让我国科学事业后继有人。如杰出核物理学家王承书开始进行铀同位素分离理论研究时，虽已年过半百，但她自己不但全身心地投入，解决工厂运行中遇到的一个又一个理论难题，而且特别重视培养年轻一代，说“让年轻的你从我肩上跨过去”①。甘为人梯的精神使年轻人深受感动，她培养了一批又一批优秀科技人才，在铀同位素分离技术攻关和创新发展中发挥了重要作用，其中，有些科技人员后来在研究所、工厂和部署机关都成为科技领导骨干，有的还成为科学院院士。丁夏畦一贯重视人才的培养，20 世纪五六十年代，他在数学所培养的学生和长期在他影响和帮助下工作的同志，有些已经成为有名的数学家。1980 年起，他培养了 20 余名博士研究生、30 余名硕士研究生，还有 2 名博士后。这些学生都成了所在单位科研和教学的骨干，其中他的多名学生在国际一流大学任教授，3 人入选国家重大计划项目……丁夏畦院士对学生在专业上严格要求，注重发挥学生的特长，尽可能地为学生提供到著名学府和著名数学家身边学习和工作的机会。在生活上对学生予以无微不至的关怀，对学生取得的每一项成绩、每一次进步，

① 席学武. 永恒的人生［M］. 北京：中国原子能出版社，2015：164.

他都感到由衷的高兴，鼓励学生要更加努力，争取取得更大的成绩。他的言传身教，赢得了学生们的尊敬和爱戴[①]。原南京军区南京总医院护理部主任张爱琴在谈到我国著名外科专家黎介寿老先生时说道："黎介寿院士'扶植新秀，甘做人梯'的精神，不仅令人敬仰，也引人深思。这种精神源于黎介寿院士对祖国医学事业的责任意识。他在科研之路上从没有懈怠，也从不敢懈怠，但他深深知道科学事业不是一两个人的事情，不能靠单枪匹马、单打独斗，必须发扬团队精神；科学事业是年轻人的事情，必须扶植一批又一批新秀，形成后浪赶前浪之势。这种精神源于黎介寿院士的长远眼光和宽阔胸襟，无私让奉献更加高洁。当事业上成就卓著、多种荣誉接踵而来的时候，黎介寿院士振臂高呼，让年轻人挑大梁[②]。他常常让学生主刀一些复杂、高难度的手术，自己在一旁做助手；他还尽力将年轻的优秀科技人才推荐到各级学术机构，以提高他们的知名度，把一大批年轻人推向前台，让想干事、能干事的人干成事，为提高学生的知名度和业务水平，他全力筹措经费，甚至自己掏腰包，帮助学生把论文寄往国外研究机构修改或出版。"[③] 在学生眼里，黎介寿就是

---

① 罗佩珠. 丁夏畦院士生平与成就［M］. 武汉：华中师范大学出版社，2016：19-22.

② 陈忠良，吴善新，高铭华. 黎介寿传［M］. 北京：人民出版社，2014：206.

③ 陈忠良，吴善新，高铭华. 黎介寿传［M］. 北京：人民出版社，2014：158.

全军普通外科研究说这棵大树的根。他源源不断地为绿叶新知输送营养，却从不与绿叶争夺阳光。可见，黎老在人才培养上特别能奉献，他严谨求实，精益求精，为的就是给我国科学事业的发展培养更多年轻人。由饶毅、鲁白、梅林这三位在美国工作的神经科学家合撰的一篇颇有影响的综述文章——《神经科学：中国与世界长期有良好的接面的脑研究综合学科》中，对我国著名神经生理学家张香桐有这样的评价："张香桐在培养神经科学人才上，为中国做出了很大的贡献。在20世纪60年代，他促成了当时他的学生吴建屏（现任脑研究所所长）留学英国……在张香桐的这种培养下，脑研究所成材率特别高，有过沈谔、沈克飞、罗佛荪、赵志奇等一批神经科学家，他们的工作与世界的交往，使上海脑所这样一个规模迄今为止仍然较小的研究机构在国际神经科学界令人注目……张香桐和冯德培在20世纪50年代主办的神经生理讲学班，培训了全国一批神经生物学家。"① 可以看出张香桐竭尽全力培养学生成才，努力为他们创造成才条件，为国家造就更多的优秀人才。中科院院士、视觉传达生理学家杨雄里的成才就与张香桐的提携和关心分不开。著名化学家、材料家严东生说："我们老一代人是我国科学事业的过桥板、铺路石，一定要带好年轻一代科技工作者。"甘当过桥

① 张维. 张香桐传［M］. 上海：上海科技教育出版社，2003：284.

板、铺路石，无疑道出了老一代科学家在人才培养上无私奉献、默默付出的心声①。我国核动力专家彭士禄，见过他的人都说他会在生活中“打三张牌”，其中一张就是“懒汉”牌，他认为，要学会打“懒汉”牌，不放手让年轻人去做，优秀的人才就难以涌现。老者要为年轻人让路、让舞台，大胆地让年轻人去创新，错了也不要责难和批评，要引导和鼓励，并勇于承担责任②。彭士禄给年轻人更多的发展机会，促使他们成长成才，可以看出彭仕禄打“懒汉”牌的良苦用心。创伤外科专家盛志勇，在涉及自己学生的一些利益，诸如申报课题成果、文章署名时，总想着把学生的名字写在自己前面，将更多的荣誉留给自己的学生③。他心甘情愿做学生背后的支持者，并默默付出。此外，还有不少科学家为我国教育事业的发展，建立基金会，支持年轻人进行科学研究。如化学工程学家侯祥麟回忆说：“1996 年 10 月 7 日，我有幸荣获‘何梁利基金科学与技术成就奖’……奖金领到之后，我先想到的是要为培养石化高层次后续人才出把力，因而决定捐出 50 万元，在中国石化总公司、中国天然气总公司和石

---

① 高子平. 宏才大略 科学人生：严东生传［M］. 上海：上海交通大学出版社，2014：157.

② 吕娜. 核动力道路上的垦荒牛：彭士禄传［M］. 上海：上海交通大学出版社，2013：161.

③ 黎润红，张大庆. 仁术宏愿：盛志勇传［M］. 北京：中国科学技术出版社，2015：152.

油化工科学研究院支持下，设立了侯祥麟基金。”① 同样，植物神态学研究专家张宏达成立了张宏达科学研究基金会，用于资助植物学科的博士和青年学者的科研项目。核物理学家王淦昌，在得知学生没有被子的情况下，即便家中所剩无几，也毫不犹豫地将家里新被子抱去让学生使用。此外，他经常带病坚持教学，科研硕果累累，深受学生们爱戴。有的学生大学毕业即将步入社会，想起恩师多年教诲，不免依依难舍。正如有学生在其祝寿会上拟就的寿联所说：“呕心沥血十数载桃李芬芳；饮水思源念恩师功德无量；横批：松鹤延年。”② 而这正是王老呕心沥血培养青年才俊的真实写照。而回顾著名固体物理学家谢希德的一生，新中国成立之初百废待兴，复旦大学面临师资缺乏、课程难以安排等诸多困难，尤其是基础课的教学，一般人是不大愿意承担的。在这个时候，谢希德毅然挑起了基础课的重担。第一天走上新中国的大学讲台，当50多位青春焕发的学生整齐地起立向老师致敬的时候，谢希德的心在颤动。她曾记得在厦门大学读书时，数理系一个年级只有六个人上高年级的物理课，而今的学生则是以前的十倍。她从青年们英姿勃勃的脸上，从那渴求知识的目光中，看到了新中国科学事业的光明未来。她的思想更加

① 侯祥麟. 我与石油有缘：侯祥麟［M］. 北京：石油工业出版社，2012：180.

② 郭兆甄. 王淦昌传［M］. 北京：中国青年出版社，2014：181.

明确，个人的科研固然重要，但科学事业的复兴靠几个人是不行的，要有一支“千军万马”的队伍，她决意要为这支队伍的培养付出自己毕生的心血汗水，她是这么说的，也是这么做的。谢希德始终保持着学者的本色，全身心地为国家培育人才。记得有一回，一位外地来参加讨论班的同志问她问题，可是当时周围人多，她又有别的事情正忙着，没能予以回答。待回到家里，备课、写作到了深夜，躺倒床上准备休息时，谢希德才想起白天发生的这件事。她感觉欠债似的，努力让自己记在心上，想出补救办法。第二天，她又到讨论班去，特地找到那位外地同志，说明情况，并详细回答了他提出的问题。本来那同志看谢希德太忙了，不忍心再去添麻烦，对她没回答提问非常能理解。如今，谢希德还记住这件事，并为此专程而来，这怎能不使他激动不已呢？本校的青年教师也在讨论班受益匪浅。当时有几位外国专家做演讲，一般情况总要教授为之翻译，可谢希德总是鼓励青年教师上台翻译，他和其他老教授在台下指导，认真培养年轻人①。不难看出，谢希德不但亲自担任教学科研工作，而且专门指导研究生，特别乐意帮助提携后辈，除了补课和指导研究工作外，谢希德还多方寻求渠道，选送青年人赴京，到当时研究水平已比较高的中国科学院物理研究所、电子所等“老

① 王增藩. 谢希德传［M］. 北京：金城出版社，2008：59，68，97.

所”进修。再如，早在1987年，在俞大光的倡议下，九院就成立了由他兼任主任的院科技丛书编审委员会，将科技实践经验总结提炼，编写出版一套内容丰富的科技丛书。而这无疑是一项意义深远、造福子孙的浩大工程。为让后人沿着前辈开拓的道路，继续攀登科学的新高峰，给新一代核武器科学家留下一份丰厚的精神财富，余大光甘为人梯，任后人攀援。为把丛书编撰的工作做好，俞大光投入了大量的精力①。

老科学家们无私奉献，毫无保留地将自己的毕生所学著书立说留给年轻的科技工作者，让他们站在自己的肩上，甘为人梯，帮助他们成长成才。例如，中国泥沙运动及河床演变专家钱宁认识到：“对于黄河这样复杂的问题，单靠少数人工作是不够的，需要推动千军万马来协同作战。”因此他在1955年回国后就十分重视科研队伍建设，鼓励年轻人通过工作实践和自学来提高水平，前后组织了4次国内培训班和1次国家培训班，每次学院参与人数从几十人到一百多人不等。钱宁亲自编写教材、教授课程，也邀请其他专家来讲课，获得了很好的效果。学员们普遍反映钱宁讲课概念明确、条理清晰、内容丰富，深入浅出，深受学员们的欢迎。这些学员现在都已成为各自岗位上的骨干，对我国泥沙治理事业发挥出重要的作用。1979年9月，钱宁在郑州参加治理黄河学

① 田兆运. 俞大光传［M］. 北京：航空工业出版社，2015：220.

术研讨会，作了《关于黄河中下游治理的意见》的报告。他在会议中途被发现尿血，回京后确诊为肾癌。在打击突然来袭的时候，他没有消沉，而是下定决心与病魔争夺时间。他平静地对同事说："但愿我还有5年时间，把书写出来，让国际泥沙中心在我国建立起来，把清华的泥沙队伍带出来。"[①] 可见，钱宁不仅是一位成绩卓著的科学家，还是一位优秀的教育家，他以惊人的毅力实现了自己的计划。中国电机工程学家、中国科学院院士章名涛在晚年时，身体已经非常差，他仍然不忘把自己毕生所学详细地整理介绍给我国的科学工作者。他拖着重病的身子，每天只能坐在轮椅上工作两个小时，但他还是坚持用颤抖的手一个字一个字地修改文稿。他的夫人看他累得满头大汗，右手抖得难以写出完整的字时，心疼地劝他休息，他说："我时间不多了，但我要干的事情还很多，如不能把我的知识留给后人，那将是我终生的遗憾。"在他的努力下，40万字的《电机的电磁场》终于在他生前修改完毕，交付出版社[②]。可见，把自己的学识留给后人，为祖国的"四化"建设发出最后的光和热，是章老晚年最大的心愿，他要把自己的全部知识贡献给人民，让电机领域后继有人。当有人提醒肝胆外科专家吴孟超，"外科医生靠的是一

---

① 晓亮. 从清华走出的科学家［M］. 北京：中国三峡出版社，2010：144，134.

② 晓亮. 从清华走出的科学家［M］. 北京：中国三峡出版社，2010：181.

手绝活，教给别人了，你的优势就没了”，他却说：“我国有几十万的肝癌患者，我一个人救不了那么多病人，只有把技术贡献出来，才能挽救更多的生命!”① 他自编教材，亲自示范，把他独创的先进技术毫无保留地教给了每一位来进修的学生，带出了一千多名“吴氏刀法”的传人，桃李满天下。

可见，为了科学事业的传承，我国老一辈科学家诲人不倦，倾心育才，扶植新秀，甘做人梯，矢志培育了一批又一批人才。他们对后生的提携，对年轻科研人员成长的支持是不言而喻的，他们以开阔的胸襟为我国科技事业的发展和人才的培养做出了重大贡献。

2.4 老科学家与他人的关系——科研合作意识强烈

科学研究至今几乎都是一项科研合作工作，像特殊历史时期靠一己之力做出卓越贡献的可以说少之又少，我国老一辈科学家在进行科学研究的过程中，他们需要面对庞大的信息系统，解决复杂的科技难题，单靠一己之力几乎无法完成，正如作物生理学和作物栽培学专家山仑在讲到他如何取得成

① 方鸿辉. 肝胆相照：吴孟超传［M］. 上海：上海交通大学出版社，2013：287.

功时说：“我有长处，也有短处，单凭我个人是无所作为的。我的办法是靠集体，尊重每个人，发挥每个人的作用。所取得的成果是集体力量的结晶。”[①] 在对科学强烈的兴趣与报效祖国的强烈愿望下，大家能够团结齐心，集中集体的智慧来突破重重技术难关。因此，在他们进行科学研究，突破各项科技难题不断取得举世瞩目的科技成就的过程中，他们不断组建科研团队，与队友并肩作战，有着强烈的团队意识，他们协作创新，搞好大科学工程。所带领的团队有了不同意见和矛盾时，他们都总能从国家和集体的利益出发，做出正确的抉择，并身体力行地影响自己的团队，他们深知集体合作、开放式研究的重要性，科研合作意识强烈。

著名的化纤专家郁铭芳在谈及他的学术生涯时，说到他与同事们一起参与研究了许多重要的项目，如中国第一根合成纤维锦纶、第一根国产军用降落伞锦纶等，这些成果是他们团队精诚合作、集体努力的结果[②]。2008 年中国石油化工催化剂专家闵恩泽在代表全体获奖人发言说：“向同我们一起并肩战斗过的全体科技工作者表示崇高的敬意。”[③] 在他心中有着强烈的合作意识，所有的成功不是一个人的成果，而是大家一起努力的结果。我国著名农业工程学家蒋亦元在获得

---

① 赵宏兴. 山仑传［M］. 北京：金城出版社，2008：179.

② 何雅，张燕：一丝一世界：郁铭芳传［M］. 上海：上海交通大学出版社，2015：182.

③ 周红爱. 闵恩泽传［M］. 北京：科学技术出版社，2015：190.

一项项科研成果后，想得最多的就是那些与自己朝夕相处合作愉快的同伴，那些几十年如一日默默耕耘的战友。他说："在他的一生中取得的众多成绩中，没有一次不是在众多助手的帮助下取得的。"① 电机工程学家丁舜年讲道："20 世纪 30 年代我之所以在华生厂完成项目，都是与工人和有关技术人员集体协作的结果，是他们的聪明才智和丰富的经验，帮助我解决了一个又一个难题，我从那时起，就深深体会到集思广益的重要性。现代科学技术日新月异，发展很快。有人把 20 世纪 60 年代以来的时期成为'大科学'时期……大科学则具有社会化协作的显著特点。无论是研究一个课题或是设计开发一个新的产品，常常涉及几个学科多方面的知识，往往不是一个人或几个人所能解决的，必须集中较多的有关人员，发挥集体的智慧，才能取得突破。而在走上领导岗位以后，我感受到，作为一个合格的领导，除了必须具备专业知识和实践经验外，最重要的是必须有组织才干；善于搞集体协作，组织起有战斗力的集体，协调好集体内部各成员之间的关系，充分发挥每个成员的聪明才智，从而取得最佳的整体功能。"② 可见丁老将团结合作意识放在至关重要的位置，这在他的工作和科研中都得到了切实的贯彻和体现。核

---

① 石岩. 颗粒归仓的梦想：蒋亦元传［M］. 北京：科学出版社，2008：104.

② 卢嘉锡. 院士思维：第 1 卷［M］. 合肥：安徽教育出版社，2003：6.

反应堆工程与安全专家王大中在一篇回忆文章中写道："参加第一座屏蔽建反应堆那些年的奋斗历程，使我受益匪浅，从做反应堆模型到建成零功率反应堆；从跑材料、搞加工到参加土建与安装；从系统调试到反应堆一次启动运行成功，在这长期的实践过程中，使我对反应堆的认识由浅入深，从理论到实践有了全面的了解。同时，通过建堆实践使我自己体会到，只有将'开拓创新'与'科学求实'很好地结合起来，才能事业有成。6 年建堆的奋斗史告诉我们，科学攻关的过程并非一帆风顺，而是充满着困难、挫折和风险，只有知难而进，执着追求，才能达到成功的彼岸。当年平均年龄只有 23.5 岁的一批年轻人，之所以能够建成反应堆，靠的是群体的力量和集体的智慧。它使我认识到，现代大型高科技项目往往是多学科的集合，是科学与技术、工程与管理的综合体。只有参加这种项目的每一个人发挥自己的聪明才智，同时又把所有人的聪明才智充分地集中起来，形成群体的优势，才能在科技领域做出对国家、对人民有益的贡献。"① 著名金属物理学家陈能宽在自述中总结道："我们的科研组织没有'内耗'，攻关人员有献身精神和集体主义精神。我们的理论、实验、设计和生产四个部门的结合是成功的，有效地体现了不同学科、不同专业和任务得结合。当时人民的献身

① 卢嘉锡. 院士思维：第 1 卷［M］. 合肥：安徽教育出版社，2003：34.

精神和集体主义精神十分突出。他们夜以继日地奋战在草原、山沟、戈壁滩。即使在城市，也过着淡泊明志、为国分忧的研究生活。事实证明，为了很快地搞好尖端科研与大型经济建设，必须提倡集体主义精神。”① 著名固体物理学家谢希德，十分注意研究所的学风建设和青年研究学者的品行修养，在身体力行中潜移默化地影响着后来的学者。她不论是在分析讨论研究计划、研究结果时，还是在审阅修改论文时，都体现出严谨的科学作风，对实验结果，苛求多次重复和找出规律；对科技论文，逐字逐句斟酌修改，甚至作者姓名的英文翻译也仔细考究。有了不同意见和矛盾时，她要求大家从国家和集体利益出发求同存异，及时讨论处理。有了名誉、利益后，她劝导课题组长要先人后己，正确对待②。中国工程院院士俞大光在总结组织实施大型工程项目时整理过一些值得后人借鉴的经验，其中有一点非常突出，他讲道：“要大力协同做好工作，这也是毛泽东对‘两弹一星’事业提出的正确方针。由于大型项目是需要各方面合作才能完成的，相互之间的衔接免不了要多少次协调，才能形成相应的技术文件。这是不可小视的重要工作。”③ 可见，俞老对团结协作非常重视，只有这样才能出成果，才能实现中国科技的突飞猛

① 吴明静，凌宴．许身为国最难忘：陈能宽［M］．上海：上海交通大学出版社，2015：179.

② 王增藩．谢希德传［M］．北京：金城出版社，2008：115.

③ 田兆运．俞大光传［M］．北京：航空工业出版社，2015：202.

进。著名的医学科学家、医学教育家吴阶平，在他父亲言传身教的影响下，团结协作成为他终生追求的目标之一。父亲告诉他对人要有谦让精神，时时注意尊重别人、体谅别人，善于看到别人的长处、自己的不足。只有团结大家，才能把事情干好。他亲眼看到父亲依靠团结理念，使一个几十口的大家庭和睦相处，把一个有工人和知识分子工作者的纱厂治理得很好。吴阶平自参加工作起就特别注意团结。他说："在泌尿科同道中，我在泌尿外科的各种会议中都要讲到团结，可以说是逢会必讲。我认为在我们的工作中，缺少技术、设备、人才，我们都可以逐步补充，但如果缺少团结，那就不是缺少的问题，而是破坏，破坏我们已有的一切。所以必须把团结放在第一位。"① 吴阶平十分注意团结，认为团结才能激发智慧，团结才有力量。因此，他们泌尿外科团队始终团结一致，以至于其他学科团队对他们都很称道。

可见，老科学家事业的成功不仅取决于老科学家本身的努力因素，更取决于集体的相互支持，老一辈科学家深知，科学事业不是一两个人的事情，他们知道在科研过程中不能单枪匹马、单打独斗，必须发扬团队精神，培养团队意识。我们的老一辈科学家能够在自己的领域发光发热，与他们强烈的集体意识是分不开的。

---

① 董炳琨．一个好医生的成长：吴阶平生平［M］．北京：中国协和医科大学出版社，2010：126-127.

3 老科学家价值观的形成

伴随着老科学家的成长，其价值观也逐步形成。那么，老科学家的价值观是如何形成的呢?

3.1 老科学家价值观的形成过程

价值观作为人们处理各种价值问题所持的立场、观点和态度的总和，其形成过程不是一蹴而就的，而是随着人的社会化历程而逐步形成和发展的。因为个体社会化程度、所处环境、自身认识程度等多种因素的差异，个体价值观的形成也是千差万别，老科学家也不例外。但总的而言，伴随着老科学家成长成才，其价值观的形成过程大致经历了以下四个阶段。

其一是在童年或少年时期价值观的萌芽阶段。在老科学家的童年和少年时期，其思维发展和自我意识程度还比较低，对事物的认识停留在感性认识的初级阶段，还不能形成自己的价值观。但是此时老科学家的出生年代、家庭环境、受教育环境、老科学家自身的经历或体验等，给他们留下了深刻的印象，对他们的思想观念有着重要的影响，促使其价值观萌芽。不少老科学家曾表示在童年或少年时期就树立了报国的志向，在心灵深处萌发了爱国的种子；萌发了对科学的热爱及攀登科学高峰的决心；萌发了乐于助人、无私奉献的意识。例如，区域地址学家李延栋回忆说："童年或少年时期正值抗日战争和解放战争时期，曾亲眼看见了国土沦丧、民族遭受欺凌的悲惨状况。家境之贫困，国家、民族之灾难，使我十分珍惜来之不易的求学机会，并孜孜以求，总希望以学到的科学知识为国家振兴、民族兴旺做出贡献。"① 可见，童年和少年时代的李廷栋就已经萌发了科学报国的想法，爱国、报国的民族责任感已悄然埋下了种子。物理学家闵乃本讲道："我出生于书香世家，在童年时期，日寇铁蹄蹂躏国土，中原板荡，民族危亡，我从小就感受到'落后就要挨打'，立志科技救国。"② 中国工程院院士俞大光，从童年时即经历日本帝国主义侵略中国的"九一八"事变，之后又在日军侵华

① 卢嘉锡. 院士思维：第1卷［M］. 合肥：安徽教育出版社，2003：451.
② 卢嘉锡. 院士思维：第2卷［M］. 合肥：安徽教育出版社，2003：601.

战火中断断续续地读完湖南高工，再到求学西迁的武汉大学的那些困苦艰难的经历，在俞大光的沉重历程中所受的一次次苦难，使他深刻地认识到落后就要挨打的道理，这也使他早早就立下了要用自己所学习的知识报效国家，让国家早日强大起来的人生志向①。当时年满 10 岁的俞大光虽然还没有完全明白人情事理，然而，那种国家破败、遭人欺凌的屈辱感却在他幼小的心灵烙下了深深的印记。再如全国上下抗日救亡运动的高涨，让 11 岁的张履谦就开始萌发了“抗日救亡”的爱国思想②。后来，张履谦成了著名的雷达专家。微波电子学家黄宏嘉说：“少年时代在抗日战火中度过，在我的思想中孕育着强烈的自然爱国心。”③ 可见少年时代的经历给黄宏嘉留下的深刻印象，并促使其爱国思想萌芽。国际著名声学家、中国著名物理学家和教育家、中国现代声学的重要开创者和奠基人马大猷于 1927 年入读北京师范大学附属中学，受到了良好的教育，爱国主义思想和社会中坚的责任感与各门课业同时根植于他的头脑之中。特别是北京师范大学附属中学的“忧国忧民，求真求善，克勤克俭，自立自强”的传统精神对他的影响更加深刻，科学救国思想也在这时萌

① 田兆运. 俞大光传［M］. 北京：航空工业出版社，2015：193，23.

② 钟轫，童晶静. 张履谦院士传记［M］. 北京：中国宇航出版社，2014：8.

③ 孙殿义，卢盛魁. 院士成才启示录：下册［M］. 广州：广东科技出版社，2003：328.

生[①]。杰出化学家侯德榜回忆说："在我童年的那个年代，受资本主义国家和封建势力的压迫、掠夺，平民生活在水深火热之中，贫困、落后、低下的生活深深地震撼着我的心灵。从此，立志刻苦学习，努力攻读，走科学救国之路，在知识上不断追求，孜孜不倦，在科学上不断攀登。"[②] 侯德榜怀着用科技来改变中国贫穷落后的状态的想法，使其后来逐步走上了科技救国的道路。我国机车车辆动力学家沈志云说道："我们崇拜哥哥为家牺牲自己利益的精神，他自己感受过家庭经济困难不能升学的痛苦，决心力保弟妹两人上学。"[③] 哥哥这种无私奉献的形象在沈志云心中扎下了根，为其日后成为对社会有用之人、奉献社会播下了种子。

其二是青年时期价值观的形成阶段。青年时期是一个人最美好的年纪，可以有很多不着边际的想法，但随着思维意识的不断发展，青年时期也正是价值观的初步形成时期，到青年时期，老科学家便开始思考自己的人生，分析个人的前途与国家的命运，此时，他们对童年或少年时期的感受、体验有了更为深刻的认识和理解，更加坚定了自己在童年或少

---

① 张家騄. 中国科学院院士传记：马大猷传［M］. 北京：科学出版社，2013：154.

② 孙殿义，卢盛魁. 院士成才启示录：上册［M］. 广州：广东科技出版社，2003：246.

③ 沈志云，张天明. 我的高铁情缘：沈志云口述自传［M］. 长沙：湖南教育出版社，2014：24.

年时所持有的思想认识，逐渐形成自己的价值观。把埋藏在心中的对祖国、对科学的热爱，对服务大众的渴望转化为学习科学知识，报效祖国，立志走科学救国道路，决心服务广大群众的强烈动力。这也是其价值观形成的重要标志。如我国原生动物学家沈韫芬说："1952 年年初，当时的团中央书记胡耀邦号召'青年的任务是就是学习、学习再学习'。此时，金陵女子大学的医预系经院系调整并入南京大学生物系，我也成为该系的学生。我响应号召，一头埋在书堆中，勤奋学习，开始懂得了要为祖国建设而学习。这种动力与'为父母学习'完全不一样，这种精神我一辈子受用。"① 中国科学院院士、著名核物理学家、中国核武器研制工作的开拓者和奠基者邓稼先在西南联大的学习生活，对他一生都很重要。他走进了神奇的科学殿堂，窥探到了似乎玄奥无穷的物理学天地的登天小径；也锤炼了意志，并切身体验到国家民族因弱小被蹂躏的痛苦。他在抗日救亡的呼喊中长大，在"千秋耻，终当雪，中兴业，须人杰"的西南联大的校歌声中走上科学之路，也从青年时代就抱定了以科技强国的夙愿，将个人的事业与民族兴亡紧密相连②。航天自动控制专家梁晋才在 20 岁的年纪开始思考如何才能让国家强大，什么是真正的为国效力，经过思考他逐步意识到，越是报国心切，就越应

① 卢嘉锡. 院士思维：第 2 卷［M］. 合肥：安徽教育出版社，2003：652.
② 晓亮. 从清华走出的科学家［M］. 北京：中国三峡出版社，2010：92.

该认真学习，掌握更多的科学知识，把学到的东西全部运用于国家和社会建设上，让国家强盛，以抵御外寇的觊觎和侵略，让百姓远离战争，过上安稳的日子，这才是知识分子报国的真正路径[①]。导弹与运载火箭专家谢光选回忆说："长至青年，日本侵略者铁蹄下受人欺凌的景象又给我留下了深刻的印象。'天下兴亡，匹夫有责'的时代精神使我明确了终身的抱负和志愿——航空救国，武器兴邦。"[②] 中国科学院院士、隧道与地下建筑工程专家孙钧回忆道："1945—1949 年，是我青年时代的寻梦、追梦年月，也是当年反动政府悍然发动内战、迫害爱国人士和热血爱国学生的四年。整整四年呀，我在上海交大的这四年可谓亲身经历了这一全过程。无情的岁月确锻炼了我的意志，使我从一个不了解世事的懵懂少年变为了一个树立了正确的世界观、人生的爱国青年。"[③] 可见，这时老科学家的想法相对童年或少年时已更具体、更深刻，甚至已逐步明确自己的奋斗目标，这个时期是价值观的初步形成时期。

其三是走上科技岗位后价值观的成熟阶段。在科学家走上科技岗位后，他们所承担的社会任务增多，责任重大，但

---

① 张慧燕. 梁晋才院士传记［M］. 北京：中国北京宇航出版社，2015：31.

② 孙殿义，卢盛魁. 院士成才启示录：上册［M］. 广州：广东科技出版社，2003：271.

③ 孙钧学术讲座基金会. 耄耋驻春：祝贺孙钧院士指教六十五春秋文集［M］. 上海：同济大学出版社，2016：3.

他们能自觉地把自己所持有价值观贯彻到自己的业务中，使其价值观得到更进一步的巩固。时刻以国家利益为重，以大局为重，秉承淡泊名利、无私奉献的价值取向，哪怕不断调整自己的业务工作，放弃自己的兴趣爱好，却始终不忘初心，在国家、人民需要的地方发光发热，这是他们价值观的成熟阶段。例如，我国著名金属物理学家柯俊从苏联回国后在面对工作分配时说："祖国需要我们去哪里，我们就去哪里，不能挑三拣四。到哪个工作岗位都要好好干，行行出状元。"① 著名旱地农业生理生态学家山仑带领团队在宁夏回族自治区完成生态环境建设和农业可持续发展实验时，宁夏回族自治区人民政府致信中科院写道："他们长期坚持在条件十分艰苦的山区，任劳任怨，踏遍了试验区的沟沟坎坎，访遍了村村户户，工作上兢兢业业，数十年如一日，从不计较个人得失，付出了大量的心血，有的专家还付出了生命。从他们身上看到了中国农业科学家刻苦钻研、坚韧不拔、顽强拼搏、无私奉献的精神……他们是宁夏人民的功臣！"②

其四是老科学家在面临冲突、抉择和社会大环境的洗礼中对自己所持价值观的坚守、深化的阶段。在这个阶段，科学家的思维能力得到充分发展，有更高的自我意识。面对外界的诱惑、社会动荡，他们依然没有放弃自己所秉承的价值

---

① 韩汝芬，石新明. 柯俊传［M］. 北京：科学出版社，2012：64.

② 赵宏兴. 山仑传［M］. 北京：金城出版社，2008：106.

观。不管社会环境如何变化，他们依然矢志不渝，坚持正确的方向和做法，坚持自己内心的良知。哪怕为此遭受打击，承受痛苦，依然不曾犹豫。而这正是老科学家对自己内心价值观的坚守和深化的真实体现。是强有力的精神支撑着他们，不放弃，不停止，他们坚信黑夜即将过去，而国家的发展也必须向前。如我国无机材料奠基人严东生回忆说："一切的屈辱没有使我倒下，因为我知道中国的发展需要科学技术，需要专业人才，那时候，就有一种信念支撑着我：黑夜即将过去，中国的知识分子一定会有光明的前途的。"①

由此可以看出，老科学家的价值观经历了从萌芽发展为他们一生为之奋斗的坚定信念，从其价值观树立伊始，他们就从未放弃过。他们用自己的一生来演绎他们对祖国、对科学的热爱以及他们所秉承的淡泊名利，无私奉献的坚定信念。

3.2　老科学家价值观形成过程中的影响因素

一个人的价值观作为其处理各种价值问题时所持的立场、观点和态度的总和，不是与生俱来的，而是一定的生长环境、教育环境及自身因素等多方面因素共同作用的结果，是后天

---

① 高子平，锻炼. 宏才大略　科学人生：严东生传［M］. 上海：上海交通大学出版社，2014：87.

形成的。老科学家的价值观也不例外，是在多种因素作用下逐渐形成的，正如材料科学家、中国无机材料科学技术奠基人和开拓者之一严东生，中学6年生活使严东生初步接受了较为系统的文化教育，为之后的学习和研究奠定了坚实的基础。同时，“九·一八事变”后国家所面临的重大困难与崇德中学的爱国氛围，以及崇德中学所接受的西方科学知识与中国社会的严酷现实之间的强烈反差等，都促使他在心里埋下了“科学救国”的种子①。可见价值观的形成往往是多种因素综合作用的结果。

3.2.1 实践是老科学家价值观的来源

实践是认识的来源和基础，这是马克思主义认识论的首要的、基本的观点。老科学家的价值观作为其思想认识的一部分，同样也来源于其社会实践及科研活动中，并在实践活动的过程中不断发展、深化。例如，我国无机材料点奠基人严东生，在参与编写《1956—1967年科学技术发展远景规划纲要》的过程中，年仅38岁的他逐渐形成了将自己的科研实践与国家的科技、经济发展紧密结合起来的价值取向，这种崇高的爱国观伴随了严老长达70年的科学研究生涯②。同

① 高子平，锻炼. 宏才大略 科学人生：严东生传［M］. 上海：上海交通大学出版社，2014：18.

② 高子平，锻炼. 宏才大略 科学人生：严东生传［M］. 上海：上海交通大学出版社，2014：74.

样，余金中在谈到研究生时的情况说道：“王先生（王守武）是一个自学成才起来的科学家。他开始学机械，研究力学问题，后来转向量子理论，半导体不是他在普度大学学的，而是回国后根据国家需要以自学为主逐渐做起来的。”[①] 也正是在这个不断研究的过程中，王先生的爱国观逐渐确立。同样，医务人员要有正确的奉献观。一个医生，无论感到自己做了多少贡献，最终都要广大患者的评价——这架最科学、最公正、最无私的“天平”来称量，都要看是否抓住了学医为民、行医利民这一“总开关”，真正做到权为民所用、情为民所系、利为民所谋。而这都需要从实践中得来，我国普通外科专家、肠外瘘治疗的创始人黎介寿老先生在行医过程中逐渐形成了无私奉献的价值取向，在他自己70多年的从医生涯中抓住了学医为民、行医利民的“总开关”，时刻体现以人为本，处处维护广大患者的根本利益，把患者的第一需要作为第一选择，恭敬地、全身心地奉献着[②]。可见，在老科学家实践的过程中，价值观逐渐确立起来，实践是他们价值观的来源，与此同时老科学家树立的崇高价值观也对他们的科研活动具有指导作用。

---

① 李艳平，康静．硅心筑梦：王守武传［M］．北京：中国科学技术出版社，2015：166.

② 陈忠良，吴善新，高铭华．黎介寿传［M］．北京：人民出版社，2014：199.

3.2.2 时代因素是老科学家价值观形成的动力

我国老一辈科学家出生于民族危亡的关键时刻，他们自小就目睹日本帝国主义对我国的残暴行为，目睹了山河破碎的悲惨场景，从而激发了他们的爱国情怀，使得他们幼小的心灵萌发了爱国主义思想，他们渴望国家富强、民族振兴，不断地探索救国救民的道路，他们看到了落后就要挨打的残酷现实，从而使他们坚信科技救国，毅然决然地树立起科技救国的远大志向，从而投身到为祖国的建设、为广大民众的服务中去。化学家江生元回忆说："我生于战乱时代，父亲在国民党"司法院"任职，得以目睹了当时的国势衰微、政治腐败。对当时社会上各种腐败落后现象的憎恶，激励着我发愤图强，立志献身祖国的科学事业。"① 加速器物理学家方守贤说："科学是无国界的，但作为一个掌握科学的人是有国籍的，个人的命运必须与国家的前途联系在一起才能有所作为；懂得了学习的最终目的是报效自己的祖国，人的一生最大的意义在于为祖国为人民做出贡献。这些思想基础成为我后来在科研活动中的原动力。"② 著名的陀螺、惯性导航及自动控制专家陆元九在抗日救亡运动的影响下，当时正读高三的他和其他同学一起，高喊"反对内战、一致抗日"的口号，行

① 卢嘉锡. 院士思维：第2卷［M］. 合肥：安徽教育出版社，2003：367.
② 卢嘉锡. 院士思维：第2卷［M］. 合肥：安徽教育出版社，2003：161.

进在广大学生的游行队伍里。他们还曾到南京中山陵哭陵。1936年年初至陆元九毕业期间，国民党军警控制了学校，不允许学生外出。陆元九这些毕业班的同学，便翻墙跑出学校参加游行，但很快就被抓了回来。就是在这样的政治环境中，陆元九的爱国情愫不断得到强化和升华。烽火硝烟里的求学经历、日军的狂轰滥炸，更激励着陆元九及其同学用功读书，家里带来的钱不够，就靠奖学金及助学贷款支撑苦读岁月，大家都希望早日成才、报效祖国。可见，是抗日战争激励了陆元九的爱国精神。自读初中时起，陆元九心中就埋下了对侵华日军仇恨的种子，而日本飞机轰炸中央大学更是给他留下了刻骨铭心的记忆[①]。再如：当时的中国在五四运动以后，爱国主义思想和“民主与科学”的新思潮在学生中产生巨大影响，当时社会上流行的“实业救国”“科学救国”“教育救国”等口号猛烈地撞击着少年章名涛的心灵。他深信当时一些思想家的论断；欲振兴中华，必须普及教育，培养人才[②]。著名选矿专家陈清如，他的最大梦想就是“强国梦”，他一生经历了军阀割据、日本帝国主义侵略和国民政府的腐败，特别是遭受日本帝国主义侵略的痛苦，这让他萌发了爱国主义情怀[③]。在日本帝国主义的侵略和国民政府腐败的双重压

① 刘茂胜. 陆元九传［M］. 北京：科学出版社，2015：12-13，20.

② 晓亮. 从清华走出的科学家［M］. 北京：中国三峡出版社：2010：169.

③ 薛毅，贾玲. 一心向学：陈清如传［M］. 上海：交通大学出版社，2014：278.

力下，陈清如的爱国之情油然而生。同样，石油地质学家田在艺在炮火纷飞的岁月里深深地认识到：只有国家安定，才能有少年的一张书桌。由此，他更加痛恨日本人的侵略，越发希望国家能安定富强起来。面对国难当头，民族欺凌的局面，田在艺也渐渐产生了“科学救国”的想法[①]。自此之后，田在艺始终坚持自己内心的想法，走上了科技救国的道路。我国热能动力学家陈学俊回忆到：“我的青少年时代正是国难当头，中华民族遭受苦难的时期，我当时的唯一志愿就是读书，走科学救国之路，1937 年……也更坚定了科技救国思想。”[②] 大敌当前，使陈学俊意识到要摆脱被动挨打的局面，就要科技救国，这更坚定了他的救国思想。可见，时代因素是老科学家价值观形成的强大动力。在其所处的时代背景下，老科学家义无反顾地选择了国家，选择了人民，积极投身到祖国的建设中。

3.2.3 家庭环境对老科学家价值观的形成具有启蒙作用

家庭环境是老科学家成长成才的重要环境之一，毫无疑问对老科学家价值观的形成有着重大的影响。从老科学家成长的家庭环境来看，他们有的出生在知识分子家庭，自幼受

① 胡晓菁. 寻找地层深处的光：田在艺传［M］. 北京：中国科学技术出版社，2013：22-23.

② 卢嘉锡. 院士思维：第 2 卷［M］. 合肥：安徽教育出版社，2003：720.

到“教育救国”和“工业救国”的思想熏陶。首先，老科学家的父辈大多都出生在半殖民地半封建社会的中国，深刻体会到落后就要挨打的苦难，因此他们自身就饱含浓烈的爱国情怀，自觉承担起振兴中国的重任，这对老科学家爱国情怀的启蒙有着重要影响。无数老科学家回忆起自己的成长历程，都提到从父母身上所感受到的积极向上的力量，有的认为父母或是兄弟姐妹是他们的榜样，有的则是在父母及家人的影响下坚定了内心信念，诸如：受到父母影响，一心走上科技救国、科技报国之路，在心中埋下了爱国的种子等，可见家庭对老科学家价值观形成具有启蒙作用，至关重要。如物理学家李林回忆说：“1937 年，‘七七事变’之后，一家人在兵荒马乱之中历尽艰辛、颠沛流离。然而，正是这国难当头之际，父亲的言行深深地影响了我。我清楚地记得，有一次父亲的心脏病复发了，面色苍白，嘴唇发紫，却无医院可救治，只好借附近茶楼的一把竹椅，让他躺着休息。尽管如此，父亲仍顽强地坚持登台讲课，以一腔爱国热情和严谨的科学态度教育学生。父亲的言传身教深入了我的心灵深处，促使我在非常困难的抗战条件下坚持刻苦学习。”① 可见，李老深受父亲的言行影响，从而怀抱一颗爱国心和严谨的科研精神。两院院士陆元九的父亲陆子章先生青年时期曾受教育救国主

① 卢嘉锡. 院士思维：第 2 卷［M］. 合肥：安徽教育出版社，2003：474.

张的深刻影响，立下终身从事教育事业的志愿。为了办学，他不计个人得失，拿的薪水比教员还低；为了办学，他放弃优厚待遇，离开家人，自愿到条件艰苦的地方办学；为了办学，他以年过花甲之躯，组织学生砍伐毛竹、茅草，自建茅屋教室；为了办学，在担任校长和教导主任期间，他仍然坚持兼课，遇有老师请假，便主动顶班代课。自 1952 年，陆子章先生不断给在美国的长子陆元九写信，晓之以民族大义，激发其爱国情怀，希望儿子早日回国。由于耳濡目染，陆子章先生精忠报国的思想对陆元九产生了很大的影响①。中国工程院院士翁心植在谈到自己为什么学医时说道："选择学医，父亲有一定的影响。他有老一代'为人者不为良相，便为良医''治国致富，治病强民'的思想，我多少受些影响。"② 我国著名固体物理学家谢希德的父亲谢玉铭，是一位毕生奉献于教育事业的老科学家，亦是在物理学界有所贡献的科学家，他勤奋刻苦、锲而不舍、自学成才的优良品质，给谢希德幼小的心灵以深刻的影响。在国难当头的年代，谢希德一想起父亲常说的一句话——"中国需要科学"，一种为中华振兴而读书的责任感和爱国情便油然而生③。我国计算机专家金怡濂，在其成长的过程中家庭环境对其影响很大，

① 刘茂胜. 陆元九传［M］. 北京：科学出版社，2015：70.

② 戴光中. 中国工程院院士传记：翁心植传［M］. 宁波：宁波出版社，2017：227-228.

③ 王增藩. 谢希德传［M］. 北京：金城出版社，2008：17.

特别是父亲金奎对他的影响。他总结说："在事业方面主要受父亲的影响，父亲一生最大的理想是科学救国。父亲经常给我们灌输科学救国的思想。"① 可见，父辈的爱国情怀对子女影响巨大，使子女接受了爱国思想的启蒙。其次，老科学家自小就受到父母的教导，教给他们做人的道理，教育他们要成为有出息的人，成为对社会对国家有用的人，要为祖国的富强做出自己的贡献，并对子女给予厚望，在子女人生道路的选择上进行积极的引导，帮助其做出正确的价值选择。如著名的"两弹元勋"钱学森在提及父亲钱均夫时说："我父亲钱均夫很懂得现代教育，他一方面送我学理工，走技术强国之路……是我的'第一位老师'。"② 我国癌症诱导分化之父王振义，家庭的影响对他来说是不言而喻的，最重要的是对他个性、习惯、价值观的养成有着重要作用。他的父亲王文龙，为人正直，生活朴素，对儿女的教育特别严格，要求他们养成良好的生活习惯和劳动习惯，平等待人，关爱他人，不允许沾染一丝纨绔子弟的恶习③。这样的家庭氛围，对王振义的价值观形成起了潜移默化的作用。最后，老科学家以身作则，淡泊名利，无私奉献，他们所体现出来的优良品德及其行为势必潜移默化地影响着子女价值观的形成，对子女

① 赵建国. 金怡濂传［M］. 北京：航空工业出版社，2015：17.

② 叶永烈. 钱学森传［M］. 上海：上海交通大学出版社，2010：59.

③ 陈挥. 王振义传［M］. 北京：人民出版社，2015：31.

价值观的形成具有启蒙作用。核动力专家彭士禄回忆说："父母亲把家产无私分配给了农民，甚至不惜生命，这坚定了我要为人民服务、为祖国奉献一切的决心。"① 雷达与电子技术专家张履谦的父母身上传递出救助危难、帮扶他人最为朴实无华的品格，以言传身教、潜移默化的方式教给了张履谦为学和为人的道理②。在这样的家庭氛围里，老科学家形成热爱祖国、热爱知识的价值观，是非常自然的事情。可见，老科学家所生活的家庭环境、家庭氛围及家庭成员的优良品质都对其价值观形成具有重要作用。

3.2.4 学校教育对老科学家价值观的形成具有引导作用

一个人接受教育的阶段，其实也是其价值观形成的阶段。科学家成长离不开良好的学校教育，其价值观的形成也一样。学校教育在老科学家价值观形成过程中扮演着重要角色，对老科学家价值观的形成具有引导作用。在学校良好的学习环境中，他们逐渐树立了要成为一个对祖国、对人民有贡献的人的信念，这引导他们树立了科技救国的志向。从老科学家就读的学校我们不难看到，它们几乎都秉承坚持真理、崇尚科学的校风，有着浓烈的学术科研氛围，注重培养学生吃苦

---

① 吕娜. 核动力道路上的垦荒牛：彭士禄传［M］. 上海：上海交通大学出版社，2013：8.

② 钟韧，童晶静. 张履谦院士传记［M］. 北京：中国宇航出版社，2014：5.

耐劳、锲而不舍的科研精神。与此同时，由于其所处的历史时代，它们都打上了深深的爱国传统的烙印，因此特别注重对学生爱国主义传统的培养，引导他们走上科技救国的道路。例如，农业机械化学家蒋亦元走在曾就读过的百年老校正衡中学时，深有感触地回忆说："正衡中学是我最感亲切的母校，我的青少年时代，大半时间是在这里度过的。百余年来，正衡中学培养了一批又一批不仅有优秀文化素质，更有着良好身体素质和意志品质的优秀学子。它同样给了我最好的教育，对我的成长起了极其重要的作用……我之所以能够在长达 32 年的科研工作中，始终不断深入地研究同一课题并取得一些成绩，靠的就是'不抛弃，不放弃'的信念，而这应该追溯到中学求学的经历。"① 曾在国家"863"计划办公室工作过的邵海鸥女士为陈能宽院士写的传记里写道：雅礼高中的三年，培养了陈能宽坚强的意志，养成了他独立自主、吃苦耐劳的习惯，树立起他终生坚持在自然科学王国里发展的志向。尤其是在日本飞机轰炸声中学习，加深了他对祖国命运的思考，激励自己寻找一条"救国之路"②。从邵海鸥女士的文字中，我们深深地感受到在雅礼高中的学习是陈能宽人生中非常重要的时期，他的性格、爱好、治学精神，都深深

① 石岩. 颗粒归仓的梦想：蒋亦元传［M］. 北京：科学出版社，2008：8.

② 吴明静，凌宴. 许身为国最难忘：陈能宽［M］. 上海：上海交通大学出版社，2015：28.

打上了雅礼的烙印。著名地质学家陈国达大学期间在张席禔等教授的言传身教下，不仅学习了本专业的科学工作方法，而且培养了刻苦耐劳、不畏艰难、勇于探索的科学精神[1]。学校教育对老科学家们后来始终秉承科学至上的价值观，能在科研道路上勇往直前，不无影响。乃至于学校的校歌、校训都无疑是对莘莘学子追求真理、攀登科学高峰、服务社会、献身祖国的引领，从而使其肩负起我国人才培养的重任。如在抗战时期，为我国人才培养做出重大贡献的西南联大，“千秋耻，终当雪，中兴业，需人杰……”的校歌表达了其与国家同共死，为洗雪国耻、振兴中华而发愤读书的浩然正气。这样的学校及老师所传的爱国教育，势必对老科学家价值观的形成具有引导作用。例如，“允公允能”是南开中学的校训，即培养学生爱国爱群之公德，与服务社会之能力。翁心植经过初中、高中六年的学习，对“允公允能”的校训领悟深刻全面，这也成为其终生恪守、坚持不渝的座右铭。因此在面对中学毕业后何去何从，该学习什么专业时，翁心植并没有选择自己特别擅长的化工，而是选择了学医，而这正是翁心植“允公允能”的求学宗旨[2]。中国工程院院士、神经外科专家王忠诚当时就读的烟台一中，用21世纪中国社

① 龙淑贞. 陈国达传［M］. 长沙：中南大学出版社，2007：13.

② 戴光中. 中国工程院院士传记：翁心植传［M］. 宁波：宁波出版社，2017：227-228.

会流行语解读一中的“校规”“校训”，实际是一部“中学生核心价值观必读”。上面写着“要确定正当的人生观，彻底铲除堕落的、享乐的、混世的、厌世的、认命的一切不适应人类生存的谬误观念……要确定对社会的认识，懂得劳动生产为社会生存的基础，以养成其喜好劳动，尊重劳动的观念……要养成博爱互助大公无私的精神；养成坚毅勇敢牺牲奋斗的精神；养成努力发展创造的精神；养成积极进取，自强不息的精神”，可见，烟台一中的校训在王忠诚成长成才过程中给予了正确的引导①。“自强，自强，学海何洋洋！……充吾爱于无疆。吁嗟乎，南方之强！”这激昂的歌词是厦门大学的校歌。后来每每谈起校歌，谢希德总是无比激动：“这些歌词至今仍留在我的脑海中，催我上进，为国争光。”厦门大学从办学之初，就打下了深深的爱国传统烙印，而这一点无疑影响到后来的莘莘学子，包括谢希德②。此外，学校任教的老师其本身就是科学事业上的杰出代表，是弘扬爱国精神的光辉典范，他们在科学教育事业中的坚定、执着及无私奉献等无疑对老科学家价值观的形成具有引导作用。例如，世界公认的赝矢量流部分守恒定理的奠基人之一、“两弹一星”功勋奖章获得者周光召在谈及对他影响最大的老师时

① 杨家杰. 病人永远是我的老师：王忠诚院士传［M］. 北京：作家出版社，2016：41.

② 王增藩. 谢希德传［M］. 北京：金城出版社，2008：21，123.

说：“王竹溪先生除了教给我们学问之外，我从他身上还学到了怎样做科学的基本态度，这是一种非常认真、非常严谨的态度。叶企孙先生是中国物理学界非常重要的前辈，为中国物理学的发展献出了他全部的身心。他是非常爱国的，当年在抗日战争的时候，他为八路军做炸药，做了很多爱国的事情。”① 可见王竹溪和叶企孙两位老师对周光召的价值观的形成都有着重要作用。俞大光回忆对他影响最大也是给予他帮助最多的老师，便是赵师梅教授。这是一位学养深厚、人品高洁的教育家，曾经影响过一批又一批武大学子，对于俞大光来说，他是自己终身感念的恩师。赵师梅自幼生长在四川巴东，早年痛心于满清政府的腐败无能，面对中华民族备受列强欺凌、国家走向灭亡的危急形势，他怀着一腔报国热血，奋起参加辛亥革命，走上了救国图强的奋斗之路。赵师梅将教育救国当成自己终生奋斗的唯一志向，从来没有计较个人得失，而是热心公务，尽自己所能为教育事业做贡献。俞大光与赵师梅相处多年，从他身上学到了很多为人处世的优秀品格，并将其作为自己人生航向的风向标，一辈子都践行着恩师的教诲。他继承了恩师师梅先生救国的志愿，决心把自己的毕生精力奉献给这项教书育人的崇高事业，为国家和民族培养更多、更优秀的栋梁之材②。96 岁的刘建康在谈起中

① 晓亮. 从清华走出的科学家［M］. 北京：中国三峡出版社，2010：192.

② 田兆运. 俞大光传［M］. 北京：航空工业出版社，2015：92-97，139.

学到大学的老师时说："这位老师（张梦白先生）在他的整个课程中都贯穿着强烈的爱国主义思想，这对我以后出国的影响也很深，因为我知道自己到国外去，只是去学习外国人的本领，是为了救国。"① 可见这位老师的爱国思想对刘建康影响之深。著名石油地质专家田在艺在《愿翁文波的预测事业能继承发展》中写道：翁老不计名利，热爱科学，勤勤恳恳。他希望有新一代人继承并发展翁老的预测事业②。翁老在田在艺心中的深刻形象，对其价值观的形成产生了重要影响。由此可以看出，老科学家所接受的学校教育及老师的言传身教对其价值观的形成具有引导作用。

3.2.5 独特经历对老科学家价值观的形成具有强化作用

从老科学家成长的过程来看，一些独特的经历对其成长成才产生强化的效果，在老科学家价值观的形成过程中促使其突然醒悟，强化其内心深处所持有的爱国的情怀、献身科学的决心、服务人民群众的认识等。如核物理学家杨福家，在 1963 年，有幸被选派到丹麦波尔研究所做访问学者，从事核反应能谱方面的研究。这次出国深造的经历对他的一生影响相当大。他说，临出国前，当时担任外交部部长的陈毅元

① 覃兆刿，林天新. 碧水丹心：刘建康传 [M]. 上海：上海交通大学出版社，2015：20.

② 胡晓菁. 寻找地层深处的光：田在艺传 [M]. 北京：中国科学技术出版社，2013：40.

帅向他们这批出国深造的人员讲了一个故事：当年，陈毅在法国留学期间，一次乘无轨电车遇上一位老太太，陈毅主动为她让了座，但谁也不会料到，当这位老太太知道陈毅是中国人时，竟然站起来说："中国人坐过的位子我不要坐。"[①]这个故事极大地震撼了杨福家的心灵，也使他意识到，没有强大的祖国作为后盾，就没有中国留学生的地位。于是，杨福家暗自下定决心：一定要以自己的实际行动为祖国增光。

著名桥梁专家茅以升说，在他九岁那年，在端午节的前一天，南京城中发生了最大的事情之一就是文德桥坍塌。由于观看龙舟赛的观众人数众多，历来被当作看台的文德桥实在无法承载越来越多的观众，突然之间竟一下子"轰隆隆"地坍塌下来。好多人都跌落到了河里，有些人下了河就再也没有出来……得知这件事后，茅以升冷静下来，开始接二连三地给自己和大人们提出问题：桥怎么突然就坍塌了？那是因为桥不牢固；桥为什么不牢固？原因一定很多，如造桥材料、造桥技术、造桥人的问题……总之，如果桥造得牢固，就不会发生那场惨祸了吧？长大了要是能造一座不会坍塌的大桥该有多好啊！从此，这事件在他幼小的心灵里埋下了理想的种子——长大以后要为人民造桥，造非常非常结实的大桥[②]。

---

① 卢嘉锡. 院士思维：第2卷［M］. 合肥：安徽教育出版社，2003：435.

② 方守贤. 院士的故事·圆梦中华：雏鹰之志［M］. 北京：科学普及出版社，2014：32-33.

著名航空制造工程焊接专家、中国工程院院士关桥，因一次暑假社会实践，到了北京“金星”钢笔厂做社会调查，关桥一去就被繁忙的景象所吸引。通过这次社会实践，关桥学到了书本上无法学到的东西。在那“隆隆”的机器声中，他发现了工人在平凡中显现出的博大胸怀，发现了工人朴实的话语中流露的丰富情感……看到工人师傅忘我地工作，关桥不禁感叹：当祖国百废待兴之时，作为一个热血青年，怎么把自己的光和热融入祖国的建设中去呢？从工厂回来，关桥一直在思考这个问题，“发挥光和热”的愿望也越来越强烈。“到祖国最需要和最艰苦的岗位上去，焕发青春的光和热”，这便成了关桥直面人生的座右铭①。著名医学家吴孟超回忆当初法国殖民主义者大吼着“黄种人签什么字！你们是东亚病夫”，强令他按下手印的情形时说：“我们真是气坏了，但最终还是撳了手指，可我的心里却埋下了要替民族争气的种子。”② 著名的陀螺、惯性导航及自动控制专家陆元九在回国不久，在自己的住所中关村，当时因为没有晾衣服的地方，只有将衣服搭在室外的铁丝上，有一次衣服吹到地上，一个捡破烂的人路过，想把衣服捡走，旁边一个10岁左右的小孩看到后连忙上前制止③。这件事对陆元九触动特别深。在共

---

① 姚远，刘凡君. 关桥传［M］. 北京：航空工业出版社，2014：44.

② 孙殿义，卢盛魁. 院士成才启示录：上册［M］. 广州：广东科技出版社，2003：48.

③ 刘茂胜. 陆元九传［M］. 北京：科学出版社，2015：42-43.

产党的领导下，10 岁左右的小孩就有如此高的思想觉悟，对陆元九来说无疑是无形的教育。自此，他以身许国的情怀被不断强化。核反应堆工程与安全专家王大中在一篇回忆文章中写道：参加第一座屏蔽反应堆建堆的那些年奋斗历程，使我受益匪浅，从建反应堆到模型到建成零功率反应堆；从跑材料、搞加工到参加土建与安装；从系统调试到反应堆一次启动运行成功，在这长期的实践过程中，使我对反应堆的认识由浅入深，从理论到实践有了全面的了解。同时，通过建堆实践使我自己体会到，只有将“开拓创新”与“科学求实”很好地结合起来，才能事业有成。6 年建堆的奋斗史告诉我们，科学攻关的过程并非一帆风顺，而是充满着困难、挫折和风险，只有知难而进，执着追求，才能达到成功的彼岸。当年平均年龄只有 23.5 岁的这批年轻人，之所以能够建成反应堆，靠的是群体的力量和集体的智慧。它使我认识到，现代大型高科技项目往往是多学科的集合，是科学与技术、工程与管理的综合体。只有参加这种项目的每一个人发挥自己的聪明才智，同时又把所有人的聪明才智尽可能地集中起来，形成群体的优势，才能在科技领域做出对国家、对人民有益的贡献[①]。物理学家黄昆在无意中读了《数学家》与《探索微生物的人们》这两本书，他认识到：科学家的事业，

---

① 卢嘉锡. 院士思维：第 1 卷［M］. 合肥：安徽教育出版社，2003：34.

是再辉煌不过的，比什么都振奋人心。他说：“这些科学家们对科学事业的追求和献身精神，对我震撼很大，影响我的人生，使我对科学事业产生了兴趣和爱好。”[①] 计算机科学与软件工程专家唐稚松回忆说：“1951 年，我随政协土改团到江西参加了近半年的土改。这是我第一次真正接触到处于社会最底层的贫下中农……直到这时，我才真正领会到‘为人民服务’这几个字的深刻含义，并开始在思想上产生‘服务人民’意识[②]。理论电工和电子工程专家俞大光院士受哥哥的影响，小学毕业时报考了明德中学，并顺利地被这所学校录取。然而，令人遗憾的是，由于一些偶然因素的影响，他与这所学校的缘分却只维持了一年。从明德中学退学，到进入复初中学读书，正值花样年华、稚气少年向青年成长的俞大光没有被人生的挫折和意外所吓退。在经受退学打击和家人的批评后，他迅速调整自己的状态，全身心地投入学习之中，并立志要通过学习和掌握知识来报效国家，成就一番伟业[③]。机械动力学和工程机械专家、力学教育家、中国振动利用工程学科的开拓者闻邦椿，在高三下半学期时，家乡解放，南下的胜利之师急需补充大量有知识、有文化的青年，热血沸

---

① 余玮，吴志菲．中国高端访问叁推动中国科技进程的 20 人［M］．北京：经济日报出版社，2007：91.

② 杨敬东．三湘院士科学人生自述集［M］．长沙：湖南科学技术出版社，2009：232.

③ 田兆运．俞大光传［M］．北京：航空工业出版社，2015：30-35.

腾的闻邦椿积极响应号召，和同班的30多名同学一起，毅然投笔从戎，于1949年10月成为光荣的解放军战士。1950年12月，闻邦椿回到了自己的家乡温岭长屿。闻邦椿的军旅生活虽然只有一年多，但部队的严明纪律、严肃快捷的作风、质朴的生活方式、严格的时间观念，关键时刻对个人与国家、个人与集体利益的处理等，都在闻邦椿的心中烙上了一生难忘的印记，对他未来的工作和学习，都起到了重要影响①。冶金学家王之玺谈到，在1931年毕业前，参观了日本在东北建立的本溪煤铁株式会社和日本政府建设的鞍山制铁厂。这次参观，王玉玺看到了日本人的不少先进的技术，开阔了眼界，增加了知识。但从另一方面，他也看到了外国侵略者掠夺我国的宝贵财富，在我国国土上建立钢铁工厂，生产供侵略者使用的武器，认为这真是中国人的一大耻辱，由此一种奋发学习钢铁冶炼技术，将来血洗国耻的民族情感激荡在心底。可见，老科学家们一些独特的经历、偶然的机遇对其价值观的形成往往产生强化的作用，不容忽视。

3.2.6 科学家的自身特质是老科学家价值观形成的主观基础

科学家的价值观的形成是主客观因素共同作用的结果，

---

① 王宝霞，王爱光，喻春明. 成功者的足迹：记中国科学院院士闻邦椿[M]. 北京：新华出版社，2010：26.

其中，客观环境及条件是其价值观形成的外在因素，而老科学家自身的因素才是其价值观形成的根本所在。其价值观从萌芽到形成、成熟乃至于最后的坚守，都是老科学家自觉选择和主动努力的结果。从老科学家自身来看，主要体现在：其一，他们具有高度自觉的主观能动性，面对兴趣和工作，他们能主动地去感知国家、民族的情况及迫切需要，时刻以国家的需要为出发点，判断对错是非，以此确立自己的奋斗目标，树立远大的人生理想。如雷达与空间电子技术专家张履谦，在面对兴趣和工作的选择时，他作为一名共产党员，听从党的召唤，有自己的认识。他说："个人兴趣是一回事，服从工作需要又是一回事，只有把个人的兴趣爱好跟党的事业结合起来，才是正确的。所谓对口，应当是自己积极、主动地去对国家的口，而不是要国家对自己的口。何况在学校所学的只是一些基础知识，还谈不上哪一方面有什么专长，上大学学习吃的是农民种的粮食，如果过分强调专业对口，就是太不自量，对自己的估计过高了。"① 我国光学之父王大珩在面对攻读博士学位和研究光学玻璃必须选择其一时，他深刻地意识到对一个国家，尤其是中国这样一个落后的国家而言，掌握先进的科学技术显得尤为重要，因此他毫不犹豫地选择了光学玻璃，他选择的是自己的祖国②。其二，他们

① 钟轫，童晶晶．张履谦院士传记［M］．北京：中国宇航出版社，2014：39.

② 马晓．王大珩传［M］．北京：中国青年出版社，2014：96.

具有较强的自我意识，经常性地思考我能做什么，我能为国家、为人民做什么等一系列问题。当意识到自己的某些价值目标、态度、观念等不符合社会要求，不利于社会进步时，他们乐于对自己的主观世界进行自觉的改造，不断进行自我调节。如著名的医学科学家、医学教育家吴阶平，在大学三年级时开始有了临床课，其中内科学引起了吴阶平的极大兴趣，可这门课涉及的知识面宽，特别是进入病房见习，面对各种各样的病人，看到已毕业的住院医师们沉着敏捷地处理各种临床问题，吴阶平开始感到茫然。“我快要做医生了，可我什么都不会啊!”面对进入实际工作的压力，远非课程繁重紧张的压力可比，吴阶平不由得认真考虑父亲对他的殷切期望和自己想当一个好医生的愿望，确实感到光靠聪明的头脑而不认真努力是不行的，于是下定决心“非努力不可”。这个转变是自觉的、出自内心的；也是兴趣的大转移，由自发的、无目的的兴趣，转变为自觉的、有明确目的的兴趣，全身心地投入医学理论与实践的学习。试想，如果吴老本身没有转变的基础，比如主观上的进取心和责任心、想当一个好医生的坚定志向和必要的心理素质，无论多么强的外因条件，也不可能发生转变；反之，内心具备转变的依据，外因条件不足或强度不够，转变也是不可能的。所以，吴阶平学习态度的转变看似偶然，实属必然，正如毛泽东的《矛盾论》中所讲到的:“外因是变化的条件，内因是变化的依据，外因通过内因起作用。”① 气象学家竺可桢说道：“从我个人出发，我始终坚信两条：一是要爱国，二是自己要不断努力。虽然这两点在不同时期会出现不一样的状况，但如果缺失这两条，做人就没有方向，很难为社会做出贡献。”② 我国选矿专家王淀左在培训后被分配到原先不感兴趣的技术工作岗位，与原想终生徜徉于文史艺术的童年梦想相背时，他说：“梦想毕竟不是现实，现实就是要当好一名技术人员，当时有‘干一行，爱一行’和‘行行出状元’的口号，我深信这是对的。”③ 其三，他们善于运用自己坚忍不拔的意志、信念和顽强拼搏的精神，根据时代的需要、国家的需要，自觉选择以国家、民族的利益为重，个人利益为轻，积极探索救国救民的道路。正如爱因斯坦 5 岁就对罗盘产生了兴趣，最终成为物理大师；达尔文自幼便对身边的小动物爱不释手，最终遨游在生物学的海洋，并创立了“进化论”学说一样，农业机械化专家蒋亦元年幼时便常常为满足好奇心而“闯祸”。他那种遇到感兴趣的事情总想去体验一下的性格，奠定了其理想的基础，他广泛的兴趣爱好影响了他的一生，“觅渡”成

① 董炳琨. 一个好医生的成长：吴阶平生平［M］. 北京：中国协和医院医科大学出版社，2010：15.

② 孙殿义，卢盛魁. 院士成才启示录：上册［M］. 广州：广东科技出版社，2003：241.

③ 杨敬东. 三湘院士科学人生自述集［M］. 长沙：湖南技术出版社，2009：17.

为其矢志不渝的动力源泉，始终激励着蒋亦元不断求索的脚步①。也正是因为如此，蒋亦元善于在劣势中坚持。这种不放弃、不抛弃，通过积极努力变逆境为顺境的素质已越发显露出来，成为他日后科研人生中取得成功的法宝。其四，他们能正确对待名与利，在荣誉、名利面前，他们时刻想着国家，想着集体，从不争名逐利，自愿选择把自己的成功归功党和人民，归功于集体。整形修复外科专家张涤生在面对自己的成功时非常谦虚地说："这绝不是我一个人的能力所能及的，我依靠的是国家的强大兴旺，依靠的是九院整个团队的共同努力，我培育了他们，他们更为我撑了腰。"②

---

① 石岩. 颗粒归仓的梦想：蒋亦元传［M］. 北京：科学出版社，2008：5.

② 张涤生，王文虎，方孟梅. 神在形外：张涤生传［M］. 上海：上海交通大学出版社，2006：152.

4　老科学家价值观的作用

4.1　老科学家价值观对其成长的作用

通过对老科学家成长成才的过程进行分析，我们不难发现，在老科学家成长成才的过程中价值观发挥着至关重要的作用。

4.1.1　老科学家的价值观是其确立奋斗目标的向导

老科学家在其价值观的影响和支配下，树立了科技救国的远大理想，立志为国家富强、民族复兴而不断奋斗；坚定了献身科学的信心和勇气，勇攀科学的高峰，为社会的科技进步贡献自己的力量；树立了服务大众的意识，他们不断在学习和工作中找寻自己具体的奋斗目标，以此来实现自己内心的远大抱负，在科研和教学岗位上发光发热。但我们不难发现，老科学家无论是专业的选择还是工作研究领域的确定无疑都受到其价值观的影响，也正因如此，他们都毫不犹豫地以国家、人民的利益，以服务大众为根本出发点，以此来确立自己的奋斗目标。例如，杂交水稻研究先驱者朱英国出生于大别山区罗田县。在贫困中长大的他，目睹了太多关于土地和粮食的悲喜剧，民以食为天，乡亲们对土地和粮食的虔诚，让他铭记这一真理。1959 年在进入大学不久，就遭遇了席卷全国的惨烈饥荒，这场饥馑在他心中留下了长久的悲悯。也更坚定了他少年时的梦想：让世界远离饥馑。正是由于心中装有人民，无私奉献，于是在选择专业时，朱英国毫不犹豫地在志愿栏里填上“生物系”，选择了植物遗传研究，毕业留校后，他更专注于水稻科研工作，一干就是 40 年①。雷达专家张直中在回忆自己高中毕业面临专业选择时说道：“在‘科学救国’‘工业救国’的思想引导下，我没听从家人的安排，既违背了父亲的意愿，没有报考大学法律系，也说服了祖母，放弃了报考海关学院……最后选择了工科专业。”② 选择工科专业彰显了张直中报国救国的决心。我国计算机专家王元回忆他确定自己专业时说道：“我就想，一个人

① 杨欣欣，陈丽霞. 名师风范走进院士与资深教授［M］. 武汉：武汉大学出版社，2017：199.

② 张直中，钱永红. 雷达人生：张直中口述自传［M］. 长沙：湖南教育出版社，2013：16.

必须把自己的事业和前途与国家的前途命运联系在一起，才有可能创造更大的价值贡献社会。就这样，我下决心选择计算机数学专业。”[①] 王元毫不犹豫地把自己所学的专业与国家前途命运紧密联系在一起，以此来确定计算机这一终生奋斗的目标。“杂交水稻之父” 袁隆平在谈及自己的心愿时说：“我这辈子还有两个小心愿，一是培育成功并推广应用超级杂交水稻，努力培育出产量更高、能养活整个世界的水稻；二是使杂交水稻走向世界，造福人类。可喜的是，现在超级杂交水稻研究取得了突破性进展。”[②] 可见，袁隆平几乎没有考虑自己，他考虑的是如何造福人类，这是他单纯而又伟大的心愿。我国著名土壤科学家赵其国回忆道：“首先是国家的需要使我感悟到所学专业的神圣使命，从此立志献身于土壤科学，一生矢志不渝……”[③] 他能为其倾尽一生，只因祖国需要。由此可以看出，老一辈科学家在其价值观的影响下，自觉选择以国家，人民利益为重，始终坚持为人民服务，无私奉献，在自己所选择的方向努力奋斗最终有所成就，这就是老科学家的追求，这就是老科学家的情怀。

① 卢嘉锡. 院士思维：第 1 卷［M］. 合肥：安徽教育出版社，2003：97.

② 余玮，吴志菲. 中国高端访问推动中国科技进程的 20 人［M］. 北京：经济日报出版社，2007：33.

③ 卢嘉锡. 院士思维：第 2 卷［M］. 合肥：安徽教育出版社，2003：869.

4.1.2 老科学家的价值观是其克服困难的强大精神动力

科学的道路是无比艰辛的，正如马克思所说：在科学上没有平坦的大道，只有不畏劳苦沿着陡峭山路攀登的人，才有希望达到光辉的顶点①。在科研的道路上，缺乏坚定的信念，往往会在困难面前半途而废，迷失努力的方向。但在老科学家进行科学研究的过程中，他们不可避免地会遇到各种难题。但在困难面前，老一辈科学家没有选择退缩，而是勇往直前，锲而不舍，坚决克服各种困难，为振兴我们的科学事业而奋力拼搏，从而不断为祖国、为社会贡献自己宝贵的力量。而就在其克服困难不断取得一个个成就，创造一个个辉煌的过程中，老科学家的价值观无不发挥着重要作用，可以说正是由于老科学家的爱国、科学至上、无私奉献、淡泊名利等价值情怀激励他们不断地去战胜困难、排除障碍，是其克服困难的强大精神动力。例如，我国冲压发动机专家刘兴洲说道："一个人活着的价值在于为祖国、为人民有所作为，做一个有用的人。对事业的追求是为了对人民的奉献，我觉得我找到了有力的精神支柱。"② 这种对人民、对祖国做贡献的价值追求，使刘兴洲不断克服困难，是他战胜困难的精神力

① 马克思，恩格斯. 马克思恩格斯全集：第 23 卷［M］. 北京：人民出版社，1972：26.

② 孙殿义，卢盛魁. 院士成长启示录：上册［M］. 广州：广东科技出版社，2003：22.

量。我国系统工程管理专家王众托回忆说："1934 年……国势衰弱，民族危亡，使得在我幼小的心灵充满了对侵略者的仇恨和立志使国家富强的爱国情怀，正是这种情怀成了日后发愤学习报效祖国的主要动力。"① 我国病理学与防原医学专家程天民曾多次提到："把国家、人民的需要和科学的探索追求，与个人的志趣融合在一起的时候，就会产生久远的巨大的动力，激励和鞭策自己去克服困难，奋发进取。……我曾多次单身携带行装艰难地往返于北京、上海、重庆、吐鲁番、乌鲁木齐和实验厂区②。不难看出，这些动力都来自他心中国家和人民需要的信念，来自扬国威，强军力的精神。"同样，著名物理学家王阳元回忆说："科学工作是一项长期而艰苦的工作，科学家必须具备不计名利，为科学献身的追求。在中学时代立志要成为一个对国家、对人民有贡献的科学家，这一志向时时鞭策着我，帮助我克服各种困难，去取得一项又一项科技成果；每一项成果里都凝聚着无数辛勤的汗水，甚至鲜血……"③ 虽然从事科研工作默默无闻，生活大多清苦且困难重重，但王阳元因为心中怀着对科学的热爱，而默默地坚持着。植物学家张宏达的一生中，不管是在生命遭受

① 杨静东. 三湘院士科学人生自述集［M］. 湖南：科学技术出版社，2009：8.

② 孙殿义，卢盛魁. 院士成长启示录：下册［M］. 广州：广东科技出版社，2003：104.

③ 卢嘉锡. 院士思维：第 1 卷［M］. 合肥：安徽教育出版社，2003：65.

威胁、经济极端贫困的情况下，他都从来没有中断过科学研究[①]。这正是因为他对科学有着执着的信念，从而促使他不管遇到什么困难都依然选择坚持。由此可见，老科学家的价值观是其克服困难的强大精神动力。

4.1.3 老科学家的价值观是其取得重大成就的催化剂

老科学家在其成长的过程中目睹了中国抗战时所处的落后、被动境地，充分意识到落后就要挨打的道理，点燃了他们为祖国繁荣富强而奋斗的爱国热情，加之秉承科技至上的信念，坚信科技能改变祖国的命运，义不容辞地走上科技救国的道路。因此只要一有条件科学家们就全力以赴地进行科学研究，甚至没有条件创造条件也要进行科学研究，抓紧时间发展科学事业，改变中国积贫积弱的面貌，推动其科研成果的出炉。在进行科研的过程中，他们淡泊名利，只讲付出，不求回报，为增强我国的科技实力和国防能力而不懈努力，他们把国家的需要，把报效祖国、服务人民、奉献社会作为内驱力，不断生产出一个又一个科技成果，攻克一个又一个科技难题，取得一系列重大的突破。如我国天文学家叶叔华谈道："当时，新中国百废待兴，而经济建设和国防建设急需一份全国的精密地图。落后的时间测定工作成为测绘工作的

① 李剑，张晓红. 此生情怀寄树草：张宏达传［M］. 北京：中国科学技术出版社，2013：228.

‘瓶颈’。在测绘部门的呼吁下，国务院要求中国科学院尽快搞好时间测定工作。1953 年，从事这方面研究的人力、物力得到显著加强，时间测定工作成为我国天文学领域任务带动学科研究的典型。1957 年，时间讯号发播基本上满足测绘部门的要求之后，建立我国的时间系统就成为一个突出的问题。要建立我国的世界时系统，由于天文台数量少，系统差不可忽略。这是一个非常棘手的问题，我带领一个课题组研究实验了多种数据处理方法，终于，我们采取各个台站的系统差变化总和为零的假定，并以国际数据为参考，得到了一个内符、外符精度均较高的世界时系统。在国内各台站的通力合作下，1963 年起，我国世界时测定精度跃居世界第二位。此后不断改进数据处理方法，使世界时精度一直保持国际先进水平。1965 年，综合世界时系统通过国家鉴定，作为我国的世界时基准向全国发布，并正式提供给大地测量、国防军工等应用部门使用，满足了多方面的需要。”① 而这短期能够达到世界领先水平，还得归结于国家建设的迫切需要。这是叶叔华等团队科研的原动力，也是催生科技成果的原动力。原南京军区南京总医院普通外科主任江伟志在谈及我国著名外科专家黎介寿时说：“科学是没有国界的，但科学家是有国籍的。”黎介寿院士总是把热爱祖国看作是一个医学科学家家

① 卢嘉锡. 院士思维：第 2 卷［M］. 合肥：安徽教育出版社，2003：233.

最大的医德。他用自己的亲身经历教导学生："一个人心中想着祖国的医学事业，就能百折不挠，任何困难险阻也阻挡不住攀登的脚步；如果心中想着个人名利，就会左顾右盼、患得患失，最终是不会有什么大出息的。"① 可见，心中装着祖国、想着人民，这样才能够激励自己不断奋发向上，不断创造新的成绩。同样，田波说："我是农家子弟，从小受苦受累惯了，条件差点没什么，我只想多学点东西，多为老百姓做点事情。"② 正是这种甘坐冷板凳、一心为老百姓做事的执着精神，使他对中国的植物病毒、类病毒和生物工程进行了系统的研究，打下了扎实深厚的学术理论和科学实验的功底，一系列科研成果"喷薄"而出：1983 年，他带领的科研组在国际上首次应用卫星 RNA 防治黄瓜花叶病毒获得成功，该成果于 1988 年获得国家科技进步三等奖，他带领研究的"马铃薯无病毒原种生产原理和技术"，已经在我国 50%的马铃薯种植土地上得到推广……得到了国际同行的高度赞誉。飞机总设计师宋文骢在回顾自己担任机械师的日子说道："国家兴亡，匹夫有责。我那个时候想，我们怎样才能搞出自己国家的先进飞机来呢？没有我们先进的战斗机，只能被动挨打

① 陈忠良，吴善新，高铭华. 黎介寿传［M］. 北京：人民出版社，2014：208.

② 杨欣欣，陈丽霞. 名师风范走进院士与资深教授［M］. 武汉：武汉大学出版社，2017：77.

呀!”[①] 为此，他不分昼夜忘我工作，保证了飞机作战和训练安全，在工作中恪尽职守，为我国空军作战做出了重大贡献。“振动利用工程”学科的开拓者闻邦椿在他的“白专”岁月里坚定地说：“中国要振兴、要发展，就需要科学技术。如果一个民族没有科学技术就不可能生存和发展!”他坚持每天在妻子、孩子入睡后，在孤灯下把白天脑子里想好的思路和内容写下来。一天又一天，一月又一月，一年又一年……自1967年以后的八年里，他一有机会就坚持搞科研，做出了振动筛和电磁振动给料机的实验模型[②]。1959年，刚学成归国的农业机械化学家蒋亦元迫切地希望把自己在苏联访学的收获全部贡献出来，为提高劳动生产率，改造“舍养方式”为“散放饲养”。为了赶进度，蒋亦元和学生们废寝忘食、通宵达旦，饿了在实验台、机床旁吃几口，实在熬不住了就靠在椅背上打个盹儿，一干就是个把月……蒋亦元专注于科研，咬紧牙关，不抱怨，不颓废[③]。经过不到一年的艰苦奋战，他们便将成果呈现在世人面前。由此可以看出，老科学家的价值观促使他们不断地进行科学研究，推动我国科技进步，从而改变我国落后挨打的境地，进一步推动我国的建设与发

---

① 张杰伟，舒德骑. 宋文骢传［M］. 北京：航空工业出版社，2014：58.

② 王玉霞，王爱光. 成功者的足迹：记中国科学院院士闻邦椿［M］. 北京：新华出版社，2010：8.

③ 石岩. 颗粒归仓的梦想［M］. 北京：科学出版社，2008：42.

展。1974 年，西沙之战后，中国工程院院士黄瑞松在一个露天广场听从西沙前线回来的海军战士做英雄事迹的报告。黄瑞松受到极大震动，一方面，他为海军战士的奋不顾身、顽强战斗并最终取得胜利而感到自豪；另一方面，像他这样研究海防导弹的科技人员，又为未能给海军提供先进的导弹武器打击敌人而感到惭愧。黄瑞松回忆起这次听报告的事，感叹地说："当时坐在下面头都抬不起来。如果那时我们的空舰导弹研制出来了，这仗就不会是这么一个打法了，'西沙之战'鞭策着我们抓紧研制空舰导弹。"① 可见，黄瑞松的价值观正是我国空舰导弹催生的重要因素之一。

4.2 老科学家价值观的社会功能

老科学家作为推动科技事业进步和社会发展的中坚力量，其本身所具有的价值观不仅对其个人成长成才起着至关重要的作用，而且势必会产生深远的社会影响。

4.2.1 老科学家价值观具有育人功能

老科学家们所具有的爱国情怀、科学至上、无私奉献、

① 马林. 院士专家谈创新［M］. 北京：北京理工大学出版社，2016：29-30.

淡泊名利等崇高的价值追求，其本身是一种无形而有力的精神力量，对当下民众，特别是科技人才的良好价值观的形成具有潜移默化的影响。此外，大部分老科学家一生都致力于教学岗位，通过教育教学，不仅教给学生知识，更教给学生做人的道理，而这对青年价值观的形成起到很好的培育作用，推动其形成正确的、科学的价值观，从而更进一步推动社会良好风气的形成。如机械动力学和工程机械专家、力学教育家闻邦椿常常语重心长地对他的学生说："不论博士、硕士，在大学校园里都是学生，大学教育是一个人终身教育经历中的重要阶段。有什么样的理想信念，就会有什么样的人生。我希望我的学生都要以祖国建设和发展作为自己的奋斗目标，立志为中华民族的伟大复兴而奋斗，同时在这个进程中实现你自己的价值。学会学问固然重要，但更重要的是学会做人，要努力争取做一个遵纪守法的人，一个善于与别人沟通和合作的人，一个恪守诚信、勇于承担责任和困难的人，一个胸怀远大理想、热爱祖国、热爱人民的人。"① 他要求学生必须做到三点：一要正直做人；二要勤奋、刻苦、创新；三要学风端正，实事求是。科学院院士蒋锡夔在谈到研究生培养时指出："我们要求的是要有一个真正动力，要有忠于祖国、忠于人民、忠于党、为社会主义科学事业献身的精神。只是为

---

① 王宝霞，王爱光，喻春明. 成功者的足迹：记中国科学院院士闻邦椿[M]. 北京：新华出版社，2010：147.

了个人，为了户口，这个人是不会有大出息的，即使有了贡献，也不是一个好科学家，我们不要这种人。”① 可以看出蒋锡夔在人才培养上特别重视对研究生进行爱国、献身的教育。2000 年 10 月，机械工程学家杨叔子在参加海峡两岸面向 21 世纪科技教育创新研讨会说道：“我对青年朋友的希望就是好好学习，天天向上……第一是要学习如何做人，学习有高尚人格，第二是要学习如何做事，学习做事的基础和能力。然而，学习如何做人是最根本的、最重要的。做人，要做好一个中国人，一个真正的中国人，一个有高尚人格的人，一个全心全意为我们伟大祖国服务乃至为了国家、民族与人民的利益而献出宝贵生命的中国人，一个伟大的爱国主义者……”② 杨叔子呼吁广大青年朋友为了祖国、民族的利益而奉献，引导广大青年树立崇高价值观的追求。理论物理学家周光召说道：“上一个世纪，我国老一辈科学家在旧中国艰难地为‘科技救国’而奋斗。与他们相比，今天的青年科技工作者要十分珍惜历史的机遇，意气风发地为实施科教兴国战略而奋斗。第一，要立一个志向，就是要为实现中华民族伟大复兴而建功立业；第二，要培养一种意识，就是要创新和超越的意识；第三，要树立一种精神，就是科学精神；第

① 黎占亭. 蒋锡夔［M］. 北京：金城出版社，2008：275.

② 孙殿义，卢盛魁. 院士成才启示录［M］. 广州：广东科技出版社，2003：91-92.

四，要创造一种环境，就是科技工作者之间相互尊重，相互协调的人文环境……在新一代科技学者中发扬光大，产生更符合时代的内涵。”[①] 周光召不忘报国救国的思想，面对新世纪新的环境，为实现国家的科教兴国战略对广大青年科技工作者提出了具体的要求，对新世纪的人才培养具有重要作用。内科血液专家王振义经常告诫自己的学生：“做人要有不断攀高的雄心，但要淡泊名利，对待荣誉要有自我约束的力量，珍惜生命才是根本。”[②] 可见，我国老一辈科学家们要培育的是真正的爱国志士，是毫不畏惧、勇攀科学高峰、无私奉献、淡泊名利的新一代人才。这势必对广大民众树立科学的价值观提供明确的精神向导，从而有效培育社会个体树立热爱祖国、热爱集体、服务民众的思想意识，提升广大民众的综合素养，使其积极投身到社会主义现代化建设中来，为实现“两个一百年”的奋斗目标及中华民族伟大复兴的中国梦而不懈奋斗。

4.2.2 老科学家价值观具有示范功能

崇高的价值观作为一种伟大的精神力量，任何国家、民族的进步都离不开这种巨大的精神力量。而老科学家所具有

---

① 孙殿义，卢盛魁. 院士成才启示录［M］. 广州：广东科技出版社，2003：100-102.

② 陈挥. 王振义传［M］. 北京：人民出版社，2015：180.

的浓烈的爱国之情，献身科学、无私奉献、淡泊名利等崇高的价值追求是这种伟大精神力量的典型体现，大力弘扬其崇高的价值观是当下中国攻坚克难、培育和践行社会主义核心价值体系以及实现“两个一百年”目标的重要内容。在老科学家成长成才的过程中，感人至深的先进事例不计其数，以此作为广大青年科技工作者和广大民众学习和树立社会主义核心价值观的榜样，使其深受鼓舞，更能激发广大民众的认同感，增强民族凝聚力。如杰出核物理学家于敏在面对祖国对自己的召唤时，义无反顾地投身到我国的核武器的研制事业之中。他隐姓埋名20多年，把自己的青春年华和热血忠诚毫无保留地奉献给了国防尖端科技事业，在核物理、中子物理等方面取得了重大研究成果，为我国的国防建设、奠定大国地位，做出了不可磨灭的贡献。他还被评为第五届全国道德模范[①]。而这样感人至深的先进事迹展现给我们的是于敏忠于党、忠于祖国、忠于人民，为我国氢弹研制和国防尖端事业鞠躬尽瘁、奉献一生的真实写照。此外，在2014年“感动中国”的领奖台上，当主持人问替爸爸（于敏）领奖的于辛：“当知道要把‘感动中国’这个奖杯给爸爸的时候，他是一种什么样的反应？”于辛回答：“他觉得他已经老了，他

① 源自：第五届全国道德模范敬业奉献获奖人于敏及先进事迹（四川新闻网，2015-10-13）。

更希望年轻人去得到这个奖项，去激励人。”[①] 这样的回答也正是对于敏先生一生“淡泊以明志，宁静以致远”的真实写照。他获得“感动中国”这个荣誉是当之无愧的。“忧国不谋生。八载隔洋同对月，一心挫霸誓归国。归来是你的梦，盈满对祖国的情，有胆识，敢担当，空心涡轮叶片，是你送给祖国的翅膀，两院元勋，三世书香，一介书生，国之栋梁。”这便是师昌绪的颁奖词。可见其一心为国，兢兢业业，无私奉献的崇尚追求。而在老科学家群体中这种先进事迹尤为普遍，把老科学家的先进事迹作为活生生的教材，对当下民众崇高价值观的培养起到先进示范作用，使广大民众深受感触，有利于其崇高价值观的形成。他们所走过的道理和他们的业绩，将永远激励着我们前进。

4.2.3 老科学家价值观具有文化传承功能

所谓中华优秀传统文化，是指在中华民族的长期发展过程中形成的，对社会和谐和进步起着积极作用的思想文化。从对老科学家的价值观的分析中，我们不难看出，老科学家的价值观是其优良品质的集中体现，其本身就植根于我国优秀传统文化之中，是对我国优秀传统文化的继承和弘扬，是社会主义核心价值观的重要内容。老一辈科学家崇高的价值

---

① 源自：于敏荣膺2015年感动中国年度人物（2016-7-11）。

追求，不仅能让广大青少年感受到老一辈科学家身上光芒万丈的爱国之情，体悟到老科学家奉献科学、淡泊名利的崇高境界，而且能让广大青年对我国优秀传统文化有更深切的体会，感受到中华文化的博大精深，源远流长。从而自觉的根据当下国家、社会和人民的需要，以老科学家的崇高价值追求为榜样，担负起继承和发扬我国的优秀传统文化的使命，使我国传统文化永不褪色，从而增强我国的文化软实力。

5　老科学家价值观的当下启示

习近平总书记在关于社会主义核心价值观的论述中指出：文化是一个民族的灵魂，价值观是文化的核心。对一个国家而言，有什么样的价值观就会建设什么样的社会；对一个人而言，有什么样的价值观就会有什么样的人生①。可见价值观对社会进步和个人的发展都起着至关重要的作用。由此也可以看出，我们务必要树立正确、科学的价值观。

通过对老科学家价值观的分析，我们可以看出，老科学家的爱国、科学至上、无私奉献、淡泊名利等崇高的价值观。一方面其本身就植根于我们的优秀传统文化之中，与当下社会主义核心价值观是同根同源；另一方面老科学家的崇高价

① 杨桂华. 习近平关于核心价值观的论述［N］. 学习时报，2014-11-24.

值观远在社会主义核心价值观之上，高于社会主义核心价值观。通过对老科学家的价值观的独特内容及其形成进行分析，把握老科学家价值观的形成规律，这对当下创新人才的培养及社会主义核心价值观的培育具有重大启示。

5.1 充分发挥老科学家价值观的精神引领作用

老科学家的价值观其本身就植根于我国优秀的传统文化之中，并与其所处的时代相结合，为其注入了时代精神的新鲜血液。因此，老科学家的价值观本身就是我国优秀传统文化的延续，是社会主义核心价值观的重要内容，是永不褪色的精神力量。发挥老科学家价值观的精神引领作用，是培育和弘扬社会主义核心价值观、增强中国特色社会主义事业凝聚力和感召力的重要手段。因此，在当下，要实现中华民族伟大复兴的中国梦，就要充分发挥老科学家价值观的精神引领作用，不断从老科学家的价值观中汲取丰富的营养，发挥老科学家价值观对社会个体优良价值观形成的培育功能、示范功能以及文化传承功能。促进社会个体尤其是广大科技工作者树立起科学的、崇高的价值观，从而在全社会形成学习和培育社会主义核心价值观的良好氛围。

5.2 教育引导广大科技工作者树立老科学家的崇高价值观

5.2.1 弘扬爱国主义教育，培育科技工作者秉承爱国理念

我国老一辈科学家在其成长成才的过程中，经历了战火纷飞、民不聊生的动荡岁月，为了抵御外来侵略，他们自觉树立起振兴中华的爱国理想，走上了“科技救国”的道路，一切以国家、民族的需要为出发点，国家需要什么，他们就义无反顾的学习什么、研究什么，一切以国家利益为重，急国家之所急。此外，面对祖国的号召，本可以在国外享受优越物质生活条件及科研环境的他们也未曾犹豫过，从不考虑自己，怀抱着一颗要对祖国和人民做出贡献的决心，毅然决然地回到祖国怀抱。在当下，相对于老科学家所经历的民族危亡的战乱年代，科技工作者成长在和平与发展的环境中，随着社会的不断进步和发展，科学技术的发展也取得了重大进步。因此，在当下，科技工作者势必会面临更多的选择，拥有更多的自我发展机会。当然，这也就更要求我们科技工作者时刻以国家利益为重。大力弘扬老科学家的爱国观，在科技人才中广泛深入地开展爱国主义教育，使广大科技工作

者能在面对无数诱惑时保持头脑清醒，树立起“科技强国”的思想，根据国家的需要，急国家、民族之所急，把国家需要与个人的发展紧密联系起来，一切以国家、民族利益为重，无私奉献，把老科学家崇高的爱国主义发扬光大，在为当下国家的进步和民族的发展不断奋斗的过程中，去实现自己的远大抱负，为国争光。

5.2.2 发扬科学至上的价值追求，指引科技工作者勇攀科学高峰

从老科学家成长成才的过程中我们可以发现，当他们义无反顾地选择走科技救国的道路时，他们就树立起了勇攀科学高峰的信心和勇气。在他们攀登科学高峰不断取得辉煌成就的过程中，不管是外在环境、条件，还是科学道路本身都充满了诸多挑战，然而他们在面对科研道路的艰难险阻时从不畏惧，顽强拼搏，哪怕为科技事业献身也在所不辞，他们坚信科技可以改变祖国命运的信念从未动摇。在进行科研的过程中，没有条件，他们创造条件；在需要突破科技难题时，他们废寝忘食，锲而不舍；在面对他们无法左右的社会大动荡时，他们依然不忘初心，奋力前行。可见，我国老一辈科学家们之所以能在科技的道路上取得巨大成就，为社会的进步和人民生活水平的提高做出卓越的贡献，与他们所具有的科学至上的科研精神不无联系。而在知识更新异常迅速、科

技发展日新月异的今天，国与国之间的较量，其关键便是人才的竞争，尤其是科技创新人才的竞争，因此，在科技领域要将老科学家科技至上的价值追求发扬光大。作为科技工作者，首先要清楚地认识到攀登科学高峰这条道路不是一帆风顺，而是充满艰难险阻的大道，要随时准备应对各种困难和挑战，要自觉坚持科学至上的崇高价值追求，继承和发扬老一辈科学家献身事业，献身科学的高尚情操，集中精力从事科学研究，放手把自己的才华和能量充分释放出来，突破各项科技难题，从而为我国科技的进步而不懈努力，为国家的富强做出卓越贡献。

5.2.3 以老科学家为参照，培育广大科技工作者强烈的社会责任感

老科学家是我国科技事业发展过程中有过突出贡献的科技工作者，是知识分子的典型代表。他们始终坚持国家至上、民族至上、人民至上，始终胸怀大局，有着浓厚的家国情怀和强烈的社会责任感。为了国家的发展和科技的进步，他们始终坚守在科研第一线，心无旁骛，默默付出。为了培养祖国新一代的接班人，他们呕心沥血，甘为人梯，提携后人。然而，他们所做的这一切，不是为了名与利，他们看淡一切物质享受。在他们眼中个人的名利得失，相比祖国的进步、人民的幸福是微不足道的。而这也正彰显出了老一辈科学家

的高尚人格以及对他们肩负科技救国使命的责任担当精神。在新形势下，国家应充分考虑科技工作者的名利问题，同时科技工作者要想开创新局面、做出新成绩，就要以老科学家为榜样，毫不犹豫地树立淡泊名利、甘于奉献的价值取向，养成强烈的社会责任感，担负起为祖国的繁荣富强而不懈努力的使命，把自身的前途命运同国家和民族的前途命运紧密结合在一起，在为国家、为人民的奉献中实现自我价值，努力为全面建成小康社会，实现中华民族的伟大复兴而不断努力，彰显出新一代科技工作者的责任担当精神。

5.3 充分调动一切积极因素，引导广大青年树立崇高的价值观

青年是中国特色社会主义事业的接班人，是国家的未来和民族的希望。因此帮助广大青年树立崇高的价值追求，在当下社会显得尤为重要。从老科学家价值观形成的过程中我们可以看出，老科学家的价值观的形成是主客观条件等多种因素综合作用的结果，因此，在当下社会，要让广大青年树立起崇高的价值追求。一方面，我们要为广大青年价值观的形成创造良好的客观条件；另一方面，我们还要对其形成科学的、正确的价值观进行引导，让广大青少年能够自觉地根

据时代、国家、民族的需要改造自己的主观世界，继承和发扬我国老一辈科学家的崇高价值追求，为实现中华民族伟大复兴的中国梦贡献自己的力量。

5.3.1 大力弘扬社会主义核心价值观，营造良好的社会氛围

从老科学家价值观形成的时代背景来看，他们大多是在烽火连天的岁月中成长起来，经历了社会动乱、民族危亡的屈辱年代，由此激发了他们的爱国之情和民族责任感，并立志走科技救国的道路。也正是在这种时代背景下，他们逐渐形成了崇高的价值观追求，不断去攀登科学高峰，为社会的进步和发展做出卓越的贡献。而在社会不断进步的今天，社会和谐发展、国家强盛，反而会削弱青年的爱国热情和民族责任感，削弱其锲而不舍、持之以恒、迎难而上的品质，与此同时，随着社会发展所产生的一些负面思想或不良风气（如个人主义、功利主义）等会对青年价值观的形成带来一定的挑战。因此，在当下社会我们必须大力弘扬社会主义核心价值观，充分发挥社会主义核心价值观的强大社会整合力、民族凝聚力以及对广大青年价值观形成的培育功能，发挥科学家的榜样力量，为广大青年价值观的形成树立良好的精神引导。此外，还要大力弘扬以爱国主义为核心的民族精神和以改革创新为核心的时代精神，营造良好的社会氛围，让全

社会广大青年在社会主义自觉树立起崇高的价值追求。

5.3.2 充分发挥家庭因素对青年价值观形成的启蒙作用

在孩子成长成才的过程中，家庭环境及家庭成员总起着重要作用。从老科学价值观的形成过程可以看出，父辈是他们人生的启蒙老师，他们自小就受到家庭成员的教导，教导其成为对社会、对国家有用的人。与此同时他们的父辈大多都树立了崇高的价值追求，以身作则，给老科学家价值观的形成起到了榜样示范作用，这对老科学家价值观的形成势必起到潜移默化的作用。可见，在面对当下社会广大青年价值观的培养，要充分发挥家庭对其价值观形成的正面影响。首先，父辈的世界观、人生观及他们自身的品格都会在孩子心目中留下深刻的印象，对子女价值观的形成产生不容忽视的影响。因此，家庭成员要以身作则，为子女价值观的形成树立好榜样。其次，要善于对子女的价值观形成进行积极的引导，要主动担负起人生领路人的职责，帮助他们进行正确的价值抉择，从而逐渐树立起科学、崇高的价值观取向。最后，父辈要加强与子女、学校及社会的沟通，掌握子女思想的成长，共同推进子女崇高价值观的形成。

5.3.3 充分发挥学校教育对广大青年价值观形成的引导作用

从老科学家价值观形成的过程可以看出，青年时期是老科学家价值观的形成时期。而青年时代也正是老科学家在学校学习的重要阶段。学校不仅教给他们专业技能，更教给他们做人的道理。通过学校的学习，培养了他们对自然科学的热爱、为他们攀登科学高峰打下了坚实的基础，引导老科学家将自己对祖国的热爱，对社会的无私奉献转化为努力学习专业知识的动力。可见，学校对其价值观的形成不无作用。因此，我们要充分发挥学校的优势，引导广大青年树立崇高的价值追求。首先，学校要努力营造良好的学风，建设积极向上的校园文化，对广大青年价值观的形成提供良好的校园环境。其次，学校要始终坚持育人为本、德育为先，把对学生思想的引导放到突出位置。牢牢把握以理想信念教育为核心、爱国主义为重点、基本道德规范为基础、促进全面发展为目标的主要任务，深入对其进行树立正确的世界观、人生观、价值观教育。此外，“三人行，必有我师焉”，任何人学习和成长都离不开老师的指导和帮助。因此，要花大力气建立优秀的教师队伍，使老师自觉意识到自己是学生的人生导师和知心朋友的角色，从而充分发挥学校老师对学生良好价值观形成的引导和示范作用。

5.3.4 充分发挥独特经历对广大青年价值观形成的强化作用

从老科学家价值观的形成中可以看出，他们人生中的一些独特经历对他们价值观的形成产生了意想不到的强化效果。因此在对广大青年进行培育时，我们不能忽视其人生的独特经历，要善于利用其独特经历对其价值观形成的影响。首先，我们要尽可能地为广大青年创造一些有利于其价值观形成的良好机会，例如参观科技成果展览、参与科技竞赛等，使广大青年感受到科技的魅力，培养他们对科学的热爱与追求；积极拓展其接触社会、了解社会、服务社会的途径和渠道，例如组织其参与社会实践，使其能从实践中体悟到助人为乐的快乐与幸福，培养其服务大众、无私奉献的思想意识。其次，要善于掌握和利用他们人生的独特经历，对其进行引导，充分挖掘其潜在的崇高价值观念，帮助其坚定内心信念，树立起崇高的价值追求。

5.3.5 充分发挥青年树立价值观的主观能动性

从老科学家价值观形成的影响因素来看，其价值观的形成是主客观因素综合作用的结果，除了与社会、家庭、学校等客观因素有关，与老科学家自身也是密不可分的，并且外因只能通过内因起作用。因此，对当下广大青年价值观的培育，我们要充分发挥广大青年的主观能动性，为树立崇高的价值观而不懈奋斗。首先，作为青年要充分意识到树立崇高价值观对人生的重要意义，自觉树立崇高的价值追求，并坚定内心信念，矢志不渝的为自己的信念而奋斗终生。其次，任何人都是社会中的人，作为青年也必须充分意识到自己是社会中的人，自己的价值观的形成也与社会、时代密切相关，要根据时代、社会的需要自觉树立与之相适应的价值观，并根据国家的需要、社会的需要主动改造自己的主观世界，调整自己的价值观。再次，任何思想的东西如果仅仅停留在思想领域，那只能是空想，我们的价值观也不例外，因此广大青年要主动将自己的崇高价值追求转化为自己奋发向前的精神动力，并在实践中践行自己的崇高价值追求。最后，广大青年要自觉抵制各种不良社会风气的侵蚀，树立崇高的价值观追求，为实现中华民族伟大复兴的中国梦而不懈奋斗！

6 结论

文化是一个民族的灵魂，价值观是文化的核心。对一个国家而言，有什么样的价值观就会建设什么样的社会；对一个人而言，有什么样的价值观就会有什么样的人生。可见树立崇高的价值观对个人的成长及社会的进步都是至关重要的，因此我们务必自觉树立起正确、科学、崇高的价值观，充分发挥其对个人成长和社会进步的作用，为更好地实现“两个一百年”奋斗目标，实现伟大复兴的中国梦而不懈奋斗。长期以来，在我国科技界涌现出许多受人爱戴的科学家，他们胸怀报国为民的理想追求，发扬不懈创新的科学精神，秉持淡泊名利的品德风范，聚焦国家战略的需要，勇攀科学技术高峰，创造了举世瞩目的成就，为提高我国自主创新能力，增强我国综合国力，为推动我国科技进步、经济发展、人民生活水平提高、国防建设现代化和优化国家决策做出了重大的贡献[1]。本书通过对科技界的杰出代表——老科学家的价值观进行梳理总结，得出以下结论：

第一，老科学家是在我国科技发展过程中做出过突出贡献的科技工作者，是杰出的科技创新人才，他们具有爱国、科学至上、无私奉献、淡泊名利等崇高的价值追求。

第二，准确把握老科学家价值观的形成过程，并对其进行深入分析，可以发现老科学家价值观的形成是主客观等多种因素综合作用的结果，并从中提炼出几个重要因素：时代因素是老科学家价值观形成的动力；家庭环境对其价值观的形成具有启蒙作用；学校教育对老科学家的价值观的形成具有指导作用；老科学家独特的经历对其价值观形成具有强化作用；科学家自身特质则是其价值观形成的主观基础。

第三，通过对老科学家价值观的分析，发现老科学家的价值观不仅对其个人成长成才意义重大，也对社会影响深远。在老科学家不断克服困难，取得成就的过程中，其价值观发挥着重要作用，集中体现在：价值观是老科学家确立奋斗目标的向导、克服困难的强大精神动力、取得重大成就的催化剂。老科学家价值观作为对我国优秀传统文化的继承和发展，具有育人、示范、文化传承等深远的社会影响。

第四，通过对老科学家价值观的深入分析，结合当下社

① 源自：习近平在中科院第十七次院士大会、工程院第十二次院士大会上的讲话。

会发展实际，为当下科技创新人才的培养、广大民众价值观的培育、社会主义核心价值观的践行等提供重要借鉴。首先，老科学家的价值观作为一种无形而有力的精神力量，我们必须充分发挥老科学家价值观的引领作用。其次，作为推动科技迅速发展责任的担当者——科技工作者，要义不容辞地践行老科学家的崇高价值观，在自己的岗位上发光发热，为科技进步和社会发展做出贡献。最后，结合老科学家价值观形成的影响因素分析，为当下培育广大青年树立崇高的价值观提供了重要启示。

总之，对老科学家价值观的研究具有重要意义，不仅为当下社会主义核心价值观的培育以及广大科技工作者、青少年树立崇高的价值观提供了榜样示范，对我国优秀传统文化的继承和发展也意义重大，有利于在当下社会形成良好的社会风气，从而更快地实现中华民族伟大复兴的中国梦。

参考文献

[1] 马克思，恩格斯. 马克思恩格斯全集：第23卷[M]. 北京：人民出版社，1972：26.

[2] 卢嘉锡. 院士思维：第1卷［M］. 合肥：安徽教育出版社，2003.

[3] 卢嘉锡. 院士思维：第2卷［M］. 合肥：安徽教育出版社，2003.

[4] 卢嘉锡. 院士思维：第3卷［M］. 合肥：安徽教育出版社，2003.

[5] 卢嘉锡. 院士思维：第4卷［M］. 合肥：安徽教育出版社，2003.

[6] 孙殿义，卢胜魁. 院士成长启示录：上册［M］. 广州：广东科技出版社，2003.

[7] 孙殿义，卢胜魁. 院士成长启示录：下册［M］. 广

州：广东科技出版社，2003.

[8] 余玮，吴志菲. 中国高端访问直面重量级的科学家18人（捌）[M]. 北京：经济日报出版社，2007.

[9] 余玮，吴志菲. 中国高端访问推动中国科技进程的20人（叁）[M]. 北京：经济日报出版社，2007.

[10] 张杰伟，舒德骑. 宋文骢传 [M]. 北京：航空工业出版社，2014.

[11] 姚远，刘凡君. 关桥传 [M]. 北京：航空工业出版社，2014.

[12] 熊卫民. 金霉素·牛棚·生物固氮：沈善炯传 [M]. 北京：中国科学技术出版社，2014.

[13] 吕娜. 核动力道路上的垦荒牛：彭仕禄传 [M]. 上海：上海交通大学出版社，2013.

[14] 张直中，钱永红. 雷达人生：张直中口述自传 [M]. 长沙：湖南教育出版社，2013.

[15] 李剑，张晓红. 此生情怀寄树草：张宏达传 [M]. 北京：中国科技出版社，2013.

[16] 钟韧，童晶静. 张履谦院士传记 [M]. 北京：中国宇航出版社，2014.

[17] 杨敬东. 三湘院士科学人生自述集 [M]. 长沙：湖南科学技术出版社，2009.

[18] 陈挥. 王振义传 [M]. 北京：人民出版社，2015.

[19] 石岩. 颗粒归仓的梦想：蒋亦元传 [M]. 北京：科学出版社，2008.

[20] 黎占亭. 蒋锡夔 [M]. 北京：金城出版社，2008.

[21] 席学武. 永恒的人生：王承书传 [M]. 北京：中国原子能出版社，2015.

[22] 刘先根. 陈俊愉传 [M]. 南京：江苏人民出版社，2014.

[23] 龙淑贞. 大地之子：陈国达传 [M]. 长沙：中南大学出版社，2007.

[24] 骆祖英. 一代宗师：钝叟 [M]. 北京：科学出版社，2007.

[25] 王德滋. 往事杂忆：王德滋自述 [M]. 南京：南京大学出版社，2012.

[26] 高明勇. 侯仁之传 [M]. 南京：江苏人民出版社，2011.

[27] 李娟娟. 陶师言传 [M]. 南京：江苏人民出版社，2013.

[28] 张家騄. 马大猷传 [M]. 北京：科学出版社，2013.

[29] 吴明静，凌宴. 许身为国最难忘：陈能宽 [M]. 上海：上海交通大学出版社，2015.

[30] 屠基达. 屠基达自传 [M]. 北京：航空工业出版社，2014.

[31] 方鸿辉. 肝胆相照：吴孟超传 [M]. 上海：上海交通大学出版社，2013.

[32] 沈志云，张天明. 我的高铁情缘：沈志云口述自传 [M]. 长沙：湖南教育出版社，2014.

[33] 黎润红，张大庆. 仁术宏愿：盛志勇传 [M]. 北京：中国科学技术出版社，2015.

[34] 周红爱. 闵恩泽传 [M]. 北京：中国科学技术出版社，2015.

[35] 许鹿希，邓志典，邓志平，等. 邓稼先传 [M]. 北京：中国青年出版社，2014.

[36] 郭兆甄. 王淦昌传 [M]. 北京：中国青年出版社，2014.

[37] 徐丽萍，华荣祥. 潘际銮传 [M]. 北京：科学出版社，2013.

[38] 许珊，雷杰佳. 石屏传 [M]. 北京：航空工业出版社，2014.

[39] 方俊. 从练习生到院士：方俊自述 [M]. 长沙：湖南教育出版社，2012.

[40] 赵继伟，张春娟. 从红壤到黄土：朱显谟传 [M]. 北京：中国科学技术出版社，2013.

[41] 张慧燕. 梁晋才院士传记 [M]. 北京：中国宇航出版社，2015.

[42] 李艳萍，康静，等. 硅心筑梦：王守武传 [M]. 北京：中国科学技术出版社，2015.

[43] 施仲衡. 施仲衡自传：六十年工作回顾 [M]. 北京：航空工业出版社，2014.

[44] 师元光，等. 管德传 [M]. 北京：航空工业出版社，2014.

[45] 顾诵芬，师元光. 顾诵芬自传 [M]. 北京：航空工业出版社，2014.

[46] 朱晶，黄智静. 虚怀若谷：黄维垣传 [M]. 上海：上海交通大学出版社，2015.

[47] 叶永烈. 钱学森传 [M]. 上海：上海交通大学出版社，2010.

[48] 韩汝玢，石新明. 柯俊传 [M]. 北京：科学出版社，2012.

[49] 陈一坚，刘宇辉. 陈一坚自传 [M]. 北京：航空工业出版社，2014.

[50] 刘深. 葛庭燧传 [M]. 北京：科学出版社，2010.

[51] 倪维斗，王奇. 倪维斗传 [M]. 北京：清华大学出版社，2014.

[52] 赵建国，雷红英. 金怡濂传 [M]. 北京：航空工业出版社，2015.

[53] 宓正明. 汤定元传 [M]. 北京：科学出版社，2011.

[54] 刘晓. 卷舒开合任天真：何泽慧传 [M]. 北京：中国科学技术出版社，2013.

[55] 鲁卫平. 剑指苍穹：陈士橹传 [M]. 北京：中国科学技术出版社，2013.

[56] 陈伟. 李乐民传 [M]. 北京：航空工业出版社，2015.

[57] 晓亮. 从清华走出的科学家 [M]. 北京：中国三峡出版社，2010.

[58] 吴石忠，姜曦. 魏寿昆传 [M]. 北京：科学出版社，2011.

[59] 王谷岩，贝时璋. 贝时璋传 [M] 北京：科学出版社，2010.

[60] 侯祥麟. 侯祥麟自述：我与石油有缘 [M]. 北京：中国石油出版社，2012.

[61] 覃兆刿，林天新. 碧水丹心：刘建康传 [M]. 上海：上海交通大学出版社，2015.

[62] 田永秀，王安平. 做一辈子的研究生：林为干传 [M]. 北京：中国科学技术出版社，2013.

[63] 何雅，张燕，彭这华，等. 一丝一世界：郁铭芳传 [M]. 上海：上海交通大学出版社，2015.

[64] 高子平，段炼. 宏才大略　科学人生：严东升传 [M]. 上海交通大学出版社，2014.

[65] 王宝霞，王爱光，喻春明. 成功者的足迹：记中国科学院院士闻邦椿 [M]. 北京：新华出版社，2010.

[66] 张毅，等. 远望情怀：许学彦传 [M]. 北京：中国科学技术出版社，2014.

[67] 李娟娟. 陈梦熊传 [M]. 南京：江苏人民出版社，2014.

[68] 李伶伶. 施雅风传 [M]. 南京：江苏人民出版社，2013.

[69] 柯琳娟. 钱伟长传 [M]. 南京：江苏人民出版社，2009.

[70] 裘维蕃. 资深院士回忆录：第2卷 [M]. 上海：上海科技教育出版社，2006.

[71] 李路阳. 吴汝康传 [M]. 上海：上海科技出版社，2004.

[72] 张维. 张香桐传 [M]. 上海：上海科技出版社，2003.

[73] 赵宏兴. 山仑传 [M]. 北京：金城出版社，2008.

[74] 田兆运. 俞大光传 [M]. 北京：航空工业出版社，2015.

[75] 马晓丽. 王大珩传 [M]. 北京：中国青年出版社，2014.

[76] 董炳琨. 一个好医生的成长：吴阶平生平 [M].

北京：中国协和医科大学出版社，2010.

[77] 王增藩. 谢希德 [M]. 北京：金城出版社，2008.

[78] 胡晓菁. 寻找地层深处的光：田在艺传 [M]. 北京：中国科学技术出版社，2013.

[79] 刘茂胜. 陆元九传 [M]. 北京：科学出版社，2015.

[80] 刘九如，唐静. 罗沛霖传 [M]. 北京：高等教育出版社，2013.

[81] 甄橙，胡俊，张齐，等. 妙手生花：张涤生传 [M]. 北京：中国科学技术出版社，2015.

[82] 谢家麟. 谢家麟自传 [M]. 北京：科学出版社，2012.

[83] 刘海波. 方正大师王选 [M]. 北京：中国科学技术出版社，2012.

[84] 牛亚华. 精业济群：彭司勋 [M]. 上海：上海交通大学出版社，2013.

[85] 电子科技大学党委宣传部. 人生之路：记中国科学院院士刘盛纲 [M]. 北京：科学出版社，2013.

[86] 本书编委会. 一个矢志不渝的育林人：沈国舫 [M]. 北京：中国林业出版社，2012.

[87] 陈忠良，吴善新，高铭华. 黎介寿传 [M]. 北京：人民出版社，2014.

[88] 杨坚. 寻找沃土：赵其国传 [M]. 上海：上海交通大学出版社，2015.

［89］薛毅，贾玲. 一心向学：陈清如传［M］. 上海：上海交通大学出版社，2014.

［90］中国科学院院士工作局，等. 科学改变人生：中国科学院院士心路［M］. 北京：光明日报出版社，2005.

［91］夏媛媛. 为了孩子的明天：张金哲传［M］. 上海：上海交通大学出版社，2013.

［92］程光胜. 梦想成真：张树政传［M］. 上海：上海交通大学出版社，2013.

［93］李丹，王蔚平，赵力行，等. 走进中国100个院士的家［M］. 杭州：浙江教育出版社，2002.

［94］张晶平. 姜泗长传［M］. 北京：人民出版社，2014.

［95］方守贤. 雏鹰之志［M］. 北京：科学普及出版社，2014.

［96］郑国玺. 社会主义市场经济条件下的价值观建设［M］. 成都：四川人民出版社，1995.

［97］朱克江. 科技创新人才战略［M］. 南京：东南大学出版社，2011.

［98］庄寿强，戎志毅. 普通创造学［M］. 北京：中国矿业大学出版社，1997.

［99］詹万生. 时代的脉搏：当代大学生价值观演变轨迹［M］. 郑州：河南人民出版社，1997.

[100] 黄希庭，郑勇. 当代中国青年价值观研究 [M]. 北京：人民教育出版社，2005.

[101] 红旗大参考编写组. 建设社会主义核心价值体系大参考 [M]. 北京：红旗出版社，2007.

[102] 裴德海. 从一般价值到核心价值 [M]. 合肥：安徽教育出版社，2013.

[103] 伍时霖，刘扫尘. 当代中国共产党人的价值观 [M]. 北京：中共中央党校出版社，1996.

[104] 王玉梁. 邓小平的价值观 [M]. 西安：陕西人民出版社，1995.

[105] 陈章龙，周莉. 价值观研究 [M]. 南京：南京师范大学出版社，2004.

[106] 傅正华. 科学技术发展的人文环境分析 [M]. 武汉：湖北教育出版社，1999.

[107] 邢志第，刘继孟. 孔繁森的价值观研究 [M]. 北京：中共中央党校出版社，1998.

[108] 申永华. 马克思主义价值观研究及其时代解读 [M]. 西安：西安出版社，2006.

[109] 路甬祥. 科学的道路：上 [M]. 上海：上海教育出版社，2005.

[110] 中宣部宣教局. 科学人生 [M]. 北京：学习出版

社，2004.

[111] 裘法祖. 共和国院士回忆录 [M]. 上海：东方出版中心，2012.

[112] 李军凯. 燕园骄子：13 位杰出院士的学术人生 [M]. 北京：北京大学出版社，2013.

[113] 白李春. 杰出科技创新人才成长历程：中国科学院科技人才成长规律研究 [M]. 北京：科学出版社，2007.

[114] 许楠楠. 拔尖人才价值观形成及培育研究 [D]. 哈尔滨：哈尔滨理工大学，2014.

[115] 谢朝晖. 高层次人才价值观及其与主观幸福感关系的研究 [D]. 重庆：重庆大学，2007.

[116] 梁赫鑫. 科技创新型拔尖人才的核心价值观研究 [D]. 天津：天津大学，2011.

[117] 杨琳. 中国高校院士师承效应研究 [D]. 长沙：中南大学，2014.

[118] 陶爱明. 中国工程院院士群体状况研究 [D]. 合肥：中国科学技术大学，2009.

[119] 付连峰. 当代中国的科技精英及其形成路径研究 [D]. 天津：南开大学，2014.

[120] 熊麟. 基于学缘的中国科学院院士成长特征研究 [D]. 成都：西南交通大学，2013.

[121] 金又琳. 试论科学技术领域的创新人才 [D]. 南宁：广西大学，2006.

[122] 郭理. 周恩来的人生价值观研究 [D]. 芜湖：安徽师范大学，2004.

[123] 罗瑾琏. 科技人才价值观认同及结构研究 [J]. 科学学研究，2008 (1)：73-77.

[124] 苏津津，李颖. 影响科技领军人才成长的关键因素分析：基于对天津市科技领军人才的实证分析 [J]. 科学管理研究，2013 (8)：83-86.

[125] 吴殿廷，李东方，刘超，等. 高级科技人才成长的环境因素分析：以中国两院院士为例 [J]. 自然辩证法，2003 (9)：54-63.

[126] 梁兴英. 试论科技创新人才的培养与造就 [J]. 理论学刊，2001 (4)：121-123.

[127] 吴贻春，刘花元. 论创造型人才的培养研究 [J]. 南京师范大学学报（社会科学版），1985 (2)：11-16.

[128] 刘敏，张伟. 科技创新人才概念及统计对象界定研究：以甘肃为例 [J]. 西北人口，2010 (1)：125-128.

[129] 刘志宏. 科技创新人才多元化培养路径的战略研究 [J]. 电子科技大学学报（社会科学版），2008 (6)：66-69.

[130] 许燕. 北京大学价值观研究与教育建议 [J]. 教

育研究，1999（5）：33-38.

［131］谭永梅，王山. 多学科视角下的价值观概念和内涵［J］. 西北大学学报（哲学社会科学版），2008（5）：6-10.

［132］郭凤志. 价值、价值观念、价值观概念辨析［J］. 东北师大学报（哲学社会科学版），2003（6）：41-46.

［133］刘永芳. 论价值观在个性形成与发展中的作用［J］. 山东师大学报（社会科学版），1997（1）：66-71.

［134］周莉. 论个体价值观形成发展的机制［J］. 河南社会科学，2005（3）：9-12.

［135］刘永芳. 价值观形成与发展的条件、过程、规律初探［J］. 山东师大学报（社会科学版），1998（1）：61-65.

［136］吴向东. 论价值观的形成与选择［J］. 哲学研究，2008（5）：22-28，57.

［137］盛春辉. 从价值观形成的规律看价值观教育［J］. 求索，2003（4）：180-182.

［138］朱文彬，赵淑文. 当前大学生价值观的特点及其形成过程的影响因素［J］. 首都师范大学（社会科学版），1994（4）：62-69.

［139］刘梅. 价值观的形成规律与青年价值观教育［J］. 当代青年研究，1999（5）：42-45.

［140］李中斌. 科技创新人才的培养及其发展策略［J］.

人口与经济，2011（5）：24-28.

[141] 朱亚宗. 科学家的精神动力与爱国主义 [J]. 湖南社会科学，2005（6）：17-21.

[142] 黄志东，王宇. 老一辈科学家爱国主义思想探索 [J]. 辽宁科技学院学报，2011（4）：100-101.

[143] 李晓丹. 论“两弹一星”功勋科学家的爱国主义思想 [J]. 科技视界，2013（26）：135.

[144] 吴潜涛，杨峻岭. 全面理解爱国主义的科学内涵 [J]. 高校理论战线，2011（10）：9-14.

[145] 夏劲. 中国老一辈科学家的爱国主义特征 [J]. 科技进步与对策，1995（2）.

[146] 盛春晖. 从价值观形成的规律看价值观教育 [J]. 求索，2003（4）：180-182，257.

[147] 张进辅. 论青年价值观的形成与引导 [J]. 西南大学学报（社会科学版），2007（3）：82-87.

[148] 郑承军. 论社会主义核心价值观形成的个人自觉与社会自觉 [J]. 马克思主义研究，2013（9）：105-111.

[149] 刘波. 青年学生价值观形成的一般过程与内在机制 [J]. 思想教育研究，2010（2）：107-110.

[150] 张向战. 核心价值观如何内化为大学生自觉行为 [J]. 人民论坛：中旬刊，2010（10）：58-59.

［151］张博颖，苗伟．影响价值观发展变化的基本因素分析［J］．毛泽东邓小平理论研究，2015（4）：41-45.

［152］曾燕波．当代中国青年价值观发展特点及生成因素研究［J］．毛泽东邓小平理论研究，2007（6）：39-45.

［153］卢彪．科学家与科学的道德价值［J］．学海，2001（3）：139-142.